JN310862

闘争現場に立つ元裁判官が
辺野古新基地と
憲法クーデターを斬る

聞け！オキナワの声

仲宗根 勇

未來社

キャンプシュワーブ
辺野古
第３ゲート
329
大浦湾
第２ゲート
埋立部分
辺野古ダム
ブルーシート
沖縄高専テント村
第１ゲート
文
新ゲート
キャンプシュワーブ
滑走路
辺野古
辺野古崎
13
太平洋
辺野古
豊原
N
450m

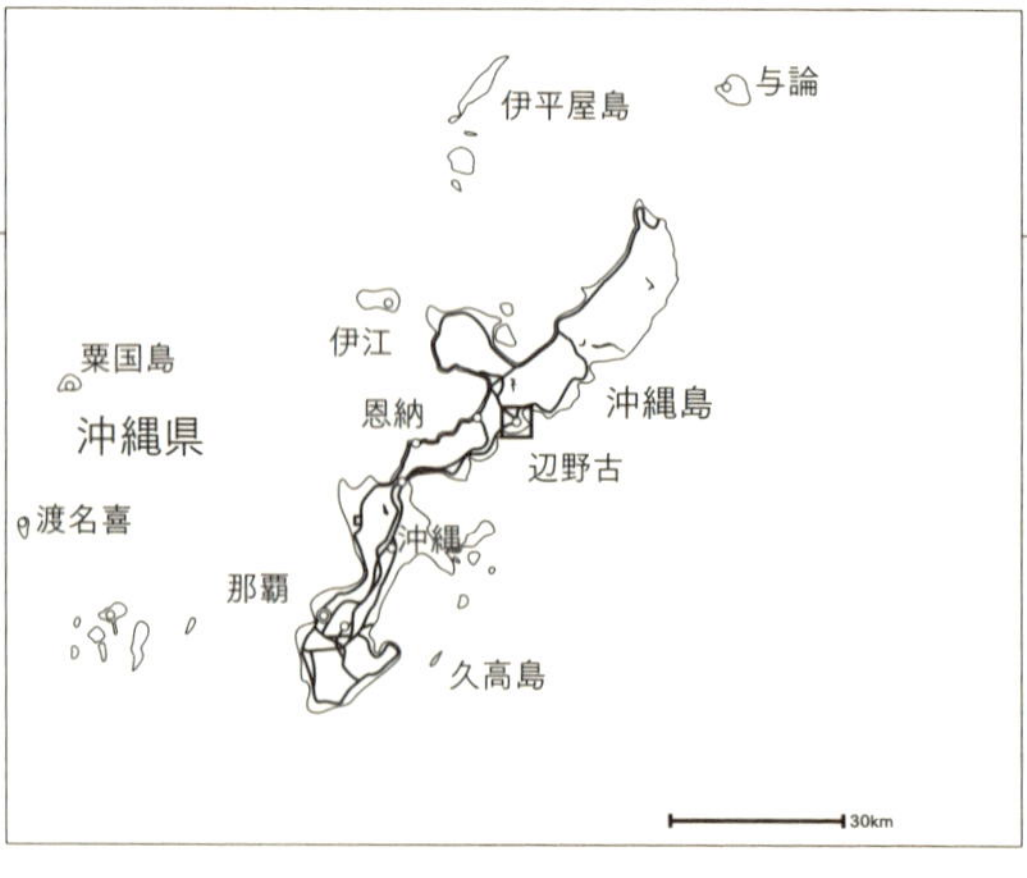
伊平屋島
与論
粟国島
伊江
沖縄島
恩納
沖縄県
辺野古
渡名喜
沖縄
那覇
久高島
30km

聞け！オキナワの声

――闘争現場に立つ元裁判官が辺野古新基地と憲法クーデターを斬る

目次

聞け！オキナワの声

――闘争現場に立つ元裁判官が辺野古新基地と憲法クーデターを斬る

装幀＝岸顯樹郎

♪本書には六か所にＱＲコードが付されています。
スマートフォンで読み取っていただくと、
該当の演説の一部を聞くことができます。

辺野古新基地・「戦争法案」関連の事実経過

二〇一三年　三月二十二日　沖縄防衛局が県に辺野古沿岸部の埋立てを申請
十二月二十七日　仲井眞弘多知事が埋立て申請を承認
二〇一四年　一月十九日　名護市長選で辺野古新基地反対の稲嶺進再選
七月一日　集団的自衛権の行使を容認する憲法解釈の変更を閣議決定、同日、辺野古移設工事をすすめる閣議決定
八月十八日　沖縄防衛局が辺野古の海底ボーリング調査開始（調査期間は二〇一五年九月三十日まで延長されている）
十一月十六日　県知事選で新基地建設阻止を公約した翁長雄志が建設容認を掲げた現職候補仲井眞に一〇万票の大差をつけて当選
十二月五日　仲井眞弘多知事が退任四日前に新基地建設に関する工法の変更申請二件を承認
十二月九日　仲井眞弘多知事退任
十二月十日　翁長雄志知事が就任

二〇一五年　一月二十六日　翁長知事が前知事の埋立て承認を検証する第三者委員会を設置
二〇一五年　二月十六日　翁長知事が沖縄防衛局に海底面の現状変更停止などを指示
二月二十二日　許可区域外のサンゴ礁破壊状況を県が調査
二〇一五年　三月十二日　沖縄防衛局が海底ボーリング調査を再開
三月二十三日　翁長知事が岩礁破砕許可条件に基づき、沖縄防衛局に対し海底面を変更するすべての作業を停止するよう指示
三月二十四日　翁長知事の右指示に対し、沖縄防衛局がその無効を求める審査請求書と執行停止申立書を農林水産大臣に提出
三月三十日　農林水産大臣が翁長知事による停止指示の効力を一時停止する決定
二〇一五年　四月五日　那覇のホテルで菅官房長官と翁長知事の初会談
四月十七日　官邸で安倍首相と翁長知事の初会談
四月二十七日　辺野古が唯一の解決策と再確認した安全保障協議委員会（二プラス二）の日米共同文書発表
四月二十八日　日米首脳会談で安倍首相が辺野古移設で普天間の危険性を除去する旨発言

二〇一五年　五月九日　県庁で中谷防衛相と翁長知事の初会談
五月十四日　安保関連十一法案を閣議決定
五月十七日　戦後七〇年止めよう辺野古新基地建設！沖縄県民大会三万五〇〇〇人以上の参加　翁長知事の挨拶に総立ち歓声
五月二十六日　衆院本会議法案審議がスタート
五月二十七日　知事訪米（〜六月五日）　米政府関係等への反対訴え
六月四日　衆院憲法審査会で三人の憲法学者が法案の違憲性を指摘
六月十九日　ケネディ駐日大使と翁長知事の会談
二〇一五年　六月二十三日　沖縄全戦没者追悼式、出席した安倍首相の前で翁長知事が新基地建設中止を平和宣言のなかで求める
六月二十五日　自民党本部での自民党若手議員の勉強会で作家の百田尚樹氏が「沖縄の二紙の新聞をつぶさないといけない」などと発言
二〇一五年　七月四日　東京で翁長知事と菅官房長官が会談し対話継続を確認
七月十五日　法案が衆院特別委員会で強行可決
七月十六日　衆院本会議で強行採決。第三者委員会が「瑕疵あり」とした報告書を知事に提出
七月二十四日　沖縄防衛局が護岸工事設計図を県に提出事前協議を求める

七月二十六日　礒崎陽輔総理補佐官が安全保障関連法案（いわゆる「戦争法案」）について「法的安定性は関係ない」と大分市での講演で発言

七月二十九日　県が沖縄防衛局に七月二十四日の協議書の取り下げを求める

七月三十一日　翁長知事が菅官房長官と会談。長官は取り下げに応じず

八月三日　沖縄防衛局が協議書の取り下げを拒否する旨県に回答

二〇一五年

八月四日　政府が辺野古の工事を八月十日から一か月間中断し、県と集中協議することを発表

八月十二日　那覇で知事と官房長官の初協議

八月十六日　那覇で知事と、名護で市長と中谷防衛相が会談

八月十八日　知事と官房長官、外相、防衛相、沖縄北方相が官邸で第二回集中協議

八月二十四日　那覇で副知事と官房副長官が第三回集中協議

八月二十九日　那覇で知事と官房長官が第四回集中協議

まえがき

一九九五年九月の米兵三名による女子小学生暴行事件を契機に米軍基地反対・撤去を求める沖縄県民の怒りのマグマは沸点に達した。辺野古新基地問題の発端は、この状況のなかで、沖縄全体の米軍基地の存続が危ういとの危機意識を強めた日米両政府が一九九六年四月に普天間基地の全面返還の合意をしたことに起因するとするのが一般的であると思われる。

しかし、一九六六年に米海兵隊や米海軍は、辺野古の海を埋め立て三〇〇〇メートル滑走路二本をもつ基地を建設し、原子力空母も入港できる軍港を作る計画を立てていた。そして、一九九七年に米国防総省が一九六六年の計画を踏まえつつ、ミサイル搭載エリアも作る辺野古海上基地の基本構想まで作成されていたことが明らかにされている。

そうすると、一見紆余曲折を経て決まったかのように見える、辺野古への「移設」は実は両政府が普天間基地全面返還合意をした時点からの双方の「密約」ではなかったのか。

安倍政府が「辺野古が唯一の選択肢」という「唯一の」政治言語を性懲りもなく繰り返す真の理由はその「密約」の存在に日本政府が呪縛されていることにあるのではないか。安倍内閣が、

「唯一の選択肢」と「抑止力」というキーワードで基地反対の県民の「厳粛な信託」（日本国憲法前文）を受けた翁長知事の籠絡を図り、機動隊と海上保安官の国家暴力を総動員して新基地を強行建設してアメリカに提供し、同時に、解釈改憲で集団的自衛権を容認し憲法違反の戦争法案（安全保障関連法案）を強行突破しようとしている政治プロセスそのものが、米国の利益を追求するアーミテージら「ジャパンハンドラー」（日本を操縦する者）の意向に迎合追従し、日米の軍事一体化で戦争国家への道へ突き進む安倍政治の基本構造を形成している。

辺野古新基地反対の運動は、当初は沖縄戦の悲惨な記憶を忘れない辺野古周辺の年輩者や少数の住民のなかから始まった。そのころには、現在のような海保の暴力はなく新基地に反対する人々は海浜のテント小屋に座りこみ、海の中のやぐらによじ登るなどの抵抗でボーリング調査の阻止に成功したが、運動の広がりは現在とは比較できないほどの限られたものだった。

しかし、二〇一三年十二月の仲井眞知事の埋立て申請承認を受けて、二〇一四年八月から機動隊と海上保安官の国家暴力を使った海底ボーリング調査がはじまると、現場指揮者らの火を噴くような天才的な現場指揮や新基地反対の翁長知事を誕生させたオール沖縄の統一戦線の力が沖縄の政治世界に明確に立ち現われるにつれ、キャンプ・シュワブのゲート前に集まる新基地反対の市民の数が日増しに増えていった。炎天を防ぐブルーシートのテント村が基地と外部を隔てるフェンス沿いの道路脇に帯状にながながと作られていった。

わたしは、ボーリング調査がはじまる前の二〇一四年七月からゲート前行動に参加し、現在は週二日定期的に四〇キロ離れた住居から辺野古に通うことを生活の基本にしている。

拙著『沖縄差別と闘う――悠久の自立を求めて』を昨年九月に上梓してくださった未來社の社長であり卓越した編集者である西谷能英氏から、そのころ、「仲宗根勇憲法論」の本の執筆を依頼されていた。辺野古の現場のたたかいに集中し、その注文に手もつけきれていないころ、電話での雑談のなかで、わたしが辺野古ゲート前集会で九条の会の代表としてよく挨拶をさせられ、辺野古新基地建設と憲法にまつわる話をしていることを話した。

西谷氏は、わたしがメモがわりに私的に録音していた音源を聞いてみたいと要望された。それがこの本の誕生のきっかけであった。まさに「瓢箪から駒」的に生まれたのが本書である。音源の起こしをすべて未來社の編集部の情熱に頼り、いわば、結果的には意図しない「語り下ろし」という形でできあがったのが本書である。

第一部は別々の主催者に招かれてした最近の三度の講演の記録である。安倍首相をはじめ彼の政策的ブレーンとされる保守系団体「日本会議」や自主憲法制定を求める保守政党がいまなお唱え続けている「押しつけ憲法」論の虚妄と日本国憲法の原点にみずみずしく蓄積された人類の叡知と大日本帝国憲法下の暗い時代を生き抜いた戦後の日本人が新憲法にかけた希望の光に思いをはせていただければ幸いである。講演の聴衆との質疑応答については、質疑内容がわかるように答えに繰り込み、質疑自体は省略させてもらった。

翁長知事の就任以来三、四か月間面会を拒否し冷遇し、「政府対応は大人げない」(二〇一四年十二月三十一日「朝日新聞」社説）と批判されても動じなかった安倍官邸が二〇一五年四月末から五月にかけて訪米しオバマ大統領と会談する外交スケジュールが迫って、沖縄の民意に耳を貸したことをオバマに示すためのパフォーマンスとして急遽、官房長官ついで首相が翁長知事と会談した。その会談のテレビ放映や外国特派員協会などでの知事の記者会見や講演の情報が浸透すると、辺野古新基地についての日本全国の世論が変化し辺野古基地反対が賛成を上回るようになった。そして四億円以上集まった辺野古基金の七割が本土の人たちから寄せられた。こうして、いまでは辺野古のゲート前の集会には、沖縄県の各地からの参加に加え、全国各地、世界の各地からいろいろな団体や集団、リピーターも多い普通の老若男女、マスコミ関係者はもちろん政治家や学者や作家や映画監督や俳優や歌手やシンガーソングライターなどなど諸種の職業の人々が集い、そこで自作の歌や沖縄の民謡や踊りや三線、ギター、オカリナ、ハーモニカなどなどの器楽演奏に加え、落語家まで登場し参加者が自発的にそれぞれの立場からする種々の内容の挨拶・演説も繰り広げられる。不思議なことに、沖縄外から参加した人々の当初の緊張気味の顔は、座り込む人々の前に立ちそれぞれの思いを語り終えるころには、ゆったりとした感性豊かな神々しい自信に満ちた別の表情に変わっている。そこではこうした闘いの現場ではおよそ考えられない歌声のひびきと笑いさざめく民衆がおり、相互にそれぞれの知識の交換をするしなやかで南国的な温かい人間交流の場が形成され、新しい民衆運動が生まれている。その現場の参加者の精神世界がより強く豊かにされていく光景が毎日展開されている。

人々がともに居られる場所としてのゲート前は、いまや人間と人間とのコミュニケーションが生まれる社会的磁場となり、同時代に生きる人間としての相互に強い連帯感と人間愛を育み確認される場所となった。いつしか誰いうとなく、そこは「辺野古総合大学」と呼ばれるようになった。わたしも九条の会の代表としてスピーチを求められ、挨拶させられたことが多くなり、辺野古に通う一読者の「辺野古総合大学」という題の新聞投稿のなかで書かれた「元裁判官の辺野古総合大学法学部教授」の名誉称号はわたしのことではないかと一般に思われているほどになった。

第二部には、その「辺野古総合大学」でわたしが今年の一月三十一日から工事中断・集中協議を行なう政府と沖縄県の一か月間の「休戦」に入る直前の八月六日までにしたスピーチを収録した。第一部と第二部の間及び第二部のなかで繰り返される話題・テーマが若干あるが、話の原型をとどめるためあえて削除などをしなかった。ご了承いただきたい。

自から進み出るのではなく、現場指揮者の指名によってするスピーチであるから、講演のような緻密な準備というほどのことはなく、辺野古新基地問題とかかわる政治世界や日本社会で生起する時事的な事象（国会論戦や公人の「不規則発言」など）を追いつつ、辺野古問題と憲法とのかかわりを中心に素手でアドリブ的に話したが、座り込む人々の歓声と拍手に押されて、我知らず爆発的発言（近時増加する中国人観光客の日本での「爆買い」にならって、わたしは、当初これを「爆言」と造語していた。）となり、激発的になることが多かった。第二部を「激発講義」としたゆえんである。むろん「講義」というにはおこがましくそれは「抗議」の懸詞《かけことば》として使ったつもりでもある。

音源から起こされた文章はアドリブにしては、思ったほどの破綻は少なく、発言時にきずかなかった言い間違いや明らかな記憶違いなどを訂正し必要な加除をした以外は、ほぼもとのスピーチどおりに文章化された。

思えば、一九六〇年代に当時最も気鋭の憲法学者であった小林直樹教授の憲法学や近代的所有権法の原理と戦前の日本の社会構造を深く分析していた川島武宜教授の民法・法社会学に加え、丸山眞男教授の政治思想史の教えを受けて以来、わたしは、日本国憲法とその下にある民法その他の諸法律を使うことをなりわいとし日本国憲法が体現する思想・世界観でおのれの人生を経営してきた。その憲法と立憲主義が時の権力者の恣意によって、あたかも着物のように簡単に脱ぎ捨てられたりすることは、憲法というものの本質を少しでも知っている人間にとっては、夢想だにし得ないことであった。しかし、いまや、憲法的常識をはるかに超えるスピードで風雲急を告げる危機的な憲法状況が進行している。

憲法改正問題の現実化の過程が「かくも長き不在」の期間を経て、安倍晋三内閣の登場によって急速に日本政治の前面に浮上したのだ。安倍晋三内閣のもとでの憲法危機、まさに憲法クーデターとも呼ぶべき危機事態の発生が予測されるなかで、辺野古新基地の工事強行と沖縄の未来を規定する二〇一四年十一月の沖縄県知事選挙を迎え、わたしは、同年九月に未來社から前記の拙著を急遽出版させてもらった。

さらにいま、安倍内閣＝安倍一派の強権政治で予想される辺野古新基地のさらなる建設強行と集団的自衛権行使を具体化する法律の成立を強行突破する暴走が引き起こしている戦後最大の民主主義の危機が迫っている。そのような現実政治に立ち向かうひとつのメッセージとして、本書をお読みいただければ幸いである。

第一部の講演やわたしの憲法論は、言うまでもなく先学の研究に負うところが大きい。憲法コンメンタールを書いた宮沢俊義及びその同世代の憲法学者たちに加え、近年では思いつくだけで、古関彰一、半藤一利、牧原憲夫、長谷部恭男、渋谷秀樹、伊藤真、田中伸尚などの諸氏である。その著書名は性質上いちいちあげないが、記して各氏に感謝の意を表させていただきたい。

戦争のない状態を「消極的平和」と捉えるほかに、貧困、抑圧、差別などの「構造的暴力」のない状態を「積極的平和」とする概念を提起し、「平和学の父」として知られ平和学の世界的第一人者であるヨハン・ガルトゥング博士が二〇一五年八月二十二日、わたしも座り込んでいた辺野古ゲート前の人たちに向かって語った。

「あなたたちこそが民主主義だ。安倍首相の〈積極的平和主義〉はわたしの提起した積極的平和主義を盗んだもので、彼はまったく反対のことをしている。日本国憲法九条二項は軍備を禁止しており、解釈の余地はないと思う。安倍首相は法の支配を破壊しており彼こそが法を壊したということにより、逮捕されなければならないと思う。」と。

わたしも五月七日の「辺野古総合大学」の激発講義で、安倍の「積極的平和的主義」とはノルウェーの平和学の学者ヨハン・ガルトゥングの提起した積極的平和的主義の悪用であり、インチキであり、アメリカとともに世界のどこにも戦争に出て行く積極的戦争主義がその実体だと指摘した。

そして、安倍晋三（内閣）が、「解釈改憲」で集団的自衛権を容認し、違憲の戦争法案を数の暴力で国会と民意を暴圧して成立させれば、刑法七十七条のいう「国の統治機構を破壊し……その他憲法の定める統治の基本秩序を壊乱することを目的として暴動をした首謀者として死刑又は無期禁錮に処する」べきだとして安倍晋三＝国事犯説も講義のなかで何度か述べた。目の前数メートル先の直近で思いがけなく聞いた博士のゲート前発言は、わたしの主張の正しさを保証し、それがわたしだけの荒唐無稽なものではないという自信と勇気を与えてくれたように思う。


前知事のした辺野古の埋め立て承認を検証する第三者委員会が「瑕疵あり」とする報告書を翁長知事に提出し、その承認の取り消し・撤回の環境が整ったまさにそのときに、一か月間の工事中断・集中協議の「一時休戦」に入った。これまで翁長知事の工事中止の指示を完全に無視してきた官邸が、この期《ご》に及んで工事を中断し「休戦」を求めた隠された政治戦略は何であろうか。

一か月の休戦期間中に五回の協議が予定され、これまでに東京と那覇で四回の協議がもたれたが、協議結果はいずれも平行線で終わっている。協議が決裂して休戦期間が切れる九月九日以降の辺野古新基地をめぐる状況の展開は、衆議院で強行採決され参議院で審議中の安保法案の成否とともに予断を許さない。いずれにせよ、連動する辺野古新基地強行と集団的自衛権の解釈容認およびその違憲法案の強行採決による憲法クーデターによって戦後民主主義の破壊と、戦争国家への道に暴走しようとしている安倍内閣＝安倍一派と、八月三〇日の十二万人の国会包囲行動を中心に全国的な広がりを見せている反安倍政治・安保法案（戦争法案）の廃止を求める広範な国民運動との「短期的な」政治的勝敗は今年の秋ころまでの政治プロセスのなかで決着することになろう。

退廃に向かって崩壊する日本と沖縄の関係に思いを馳せ、沖縄への無知無関心を続ける本土の人間に対する苛立ちがソロバンぬきの経済外的情念を燃え上がらせ、社会や体制に迎合しない著者を支援するという意味で、編集とは思想であり批判なのだと主張されている未來社の西谷能英社長の強い使命感に支えられて、本書が陽の目を見ることになった。

本書の完成のため寝食を忘れるほどにご尽力された西谷さんには心から感謝を申し上げたい。また、スピーチ音源を的確な文章に再現された同社の長谷川さんには敬意を表する次第である。

二〇一五年八月三〇日

仲宗根　勇

第一部　日本国憲法の原点

日本国憲法と大日本帝国憲法

二〇一四年十二月五日

みなさん、こんばんは。ご紹介いただきました仲宗根勇であります。

本日は、出足があまり良くないようですが、前回は、日本国憲法が押しつけられたものではないということの講演をいたしました。きょうはその憲法がいかにすばらしいかということを、明治の憲法と比較しながら話をしていきたいと思います。

きょうはこのあとは、すばらしい唄い手のみなさまの楽しい唄声が聞けるんで、それが楽しみだと思いますが、わたしの話はその楽しさを減らすような、ちょっと硬い話になるかと思いますが、お聞きください。

日本国憲法＝「八月革命説」

日本国憲法というのは、明治憲法といわれている大日本帝国憲法のじつは——その七十三条の条文にもとづいて改正されてできた憲法なんです。それは法律学の立場からいうと、改正権というのは憲法を制定する権力――憲法制定権力のもとにあるものですから、改正によってはもとの憲法の基本構造・理念――たとえば国民主権とか、平和主義そのほかの根本にあるもの――を超えてはいけないという、憲法改正に限界があるというのがいまの法律学の普通の考え方なんです。そうすると、明治憲法というのは、みなさんも多くご存知のように、天皇主権、つまり天皇絶対の、天皇独裁の憲法であったわけで、それがまったく一八〇度違う国民主権の民主主義、そして基本的人権尊重の、平和主義のいまの憲法になったというのは、これはその限界を超えているんじゃないかということなんですが、それを学者はどういうふうに説明するかというと、ポツダム宣言という日本の降伏の条件を決めたそれを受諾することによって、日本の憲法制定権力は国民に移った、天皇主権から国民主権に移ったんだということで、それは八月十四日にポツダム宣言を受諾することによってそういう事態が生じたんだということで、法的な「八月革命」があったということで説明しているわけです。この「八月革命説」というのは憲法学界の大重鎮である宮沢俊義――東大の憲法の先生やってもいたし、終戦直後の憲法調査会の委員でもありました――などのひとたちが、憲法草案＝マッカーサー草案が出た時期に東大内で憲法研究会をやっていて、丸山眞男さんが、ポツダム宣言を受諾することによって日本の国体というのは解体されたんだ、それは法的には「革命」なんだということを述べられて、宮沢さんがそれを丸山さんの了解を得て、論文の名前を「八月革命説」というふうにして、いままで法律を勉強したひとのあいだでその八月革命説が流通しているわけです。

明治憲法の成立

そもそも、大日本帝国憲法の成り立ちからまず話していくんですが、明治維新がありましたね。二六〇年にわたる徳川幕府が、鎖国をして非常に内向きの政治をやっていて、それを薩長の下級武士とか、あるいは土佐の山内容堂とか開明的な大名たちが倒幕運動をやって、倒幕するわけですね。王政復古、大政奉還で幕府から天皇家に権力が移るわけです。その結果できたこの明治政府というのは、薩長土肥の倒幕派の寄合所帯であったものですから、内部でいろいろガチャガチャ対立があって、混迷するわけですね。どういうふうな憲法をつくればいいのかということで、薩摩の考えと長州の考え、あるいはその他の小さな藩の考え、絶対天皇制を求めるんだとか、そうでない制限的な天皇制がいいとか、いろいろ意見が出てくるんですが、最終的には、当時は政府としては富国強兵をめざして欧米を視察してきて、近代国家のためにはこの立憲制を採用しなければならない。そうでないと、当時不平等条約を改正できないというのがあって、いかにも日本は文明開化しているんだということを言うためには、まず憲法が必要なんだと。日常的には、たとえば鹿鳴館でダンスパーティをやったり、あるいは天皇・皇后が洋装で舞踏会に出たりというんで、そういうことをやったりしながらいたんですが、当時は不平士族があちこちで薩長を中心とする明治政府に対して反乱を起こしたりするわけです。そういう不安定な状況というのは、結局、西郷隆盛が征韓論に敗れて西南戦争で政府軍に追いつめられて、鹿児島の城山で自決するわけですが、それをきっかけにして、暴力的に明治政府を倒そうということがなくなるわけですね。その前後から、早く国会を開設しなければいけないという自由民権運動というのが巻き起こってくるわけです。そのインパクトが政府にとっては強く、やっぱり早く憲法というのをつくらんといけないと政府は認識した。

明治政府は当時、伊藤博文などが中心になるんですが、民間には数十種の憲法草案もたくさんできるわけですね。政府はそういうのには目もくれずに、たとえば植木枝盛の草案とかは本当にいまの近代憲法としてそのまま使ってもいいような立派な憲法草案ができるんですが、明治政府はそういう民権運動家を保安条例でもって圧迫して弾圧するわけです。そういう民権運動家を四五〇名くらい東京都から放逐するわけです。それできかないヤツは逮捕するというような圧迫を加えるわけですね。

本格的に明治憲法の設計に入るのは伊藤博文です。彼は長州閥の人間ですが、一年半くらいドイツに行って、ベルリン大学のグナイストという教授のもとで勉強する。そのあと、オーストリアのウィーン大学でシュタイン教授からも学んだ。このひとからのほうが収穫は大きかったようですが。憲法というのと明治国家をどういうふうにつくりあげていったらいいのかということで、彼はまず、当時のプロイセンの皇帝中心の憲法を基礎にするのですが、それでは日本の天皇を中心とする憲法としては、そのままマネができないわけですね。伊藤は、腹心だった井上毅——これも長州閥ですが——とドイツ人のロエスラーという二人で主につくった草案を、伊東巳代治、金子堅太郎、この四名で神奈川県の夏島というところ——いまの横須賀市ですね——にある伊藤の別荘でずっと条文を考えていって、一八八七年八月末に夏島草案というのをつくって、結局、一八八八年三月には明治憲法の原案ができるわけです。それを天皇自身も出席する枢密院——天皇の最高顧問機関——の当時の議長がやっぱり伊藤博文で、ここで審議をしてですね、一八八九年一月三十一日に大日本帝国憲法というのが確定するわけです。

「国体」中心の明治憲法

大日本帝国憲法がどういう内容の憲法かというと、ふつう憲法、立憲制というものの本来の原理は、たとえば国民の総意にもとづくとか、社会契約説にもとづくんだとか、あるいは宗教的な神授説——神さまが君主に統治権を授けたものだ——とかいうのがふつうの理屈なんですが、伊藤なんかが考えたのは、ヨーロッパではキリスト教のようなどこでも通用するような統一的な共有物があるんですが、日本は一千年来、特殊な歴史・伝統、天皇中心の神の国というね。これを

「国体」というふうに称して、それを中心にして憲法をつくりあげるわけです。

憲法のなかでどういうことを言っているかというと、自分（明治天皇）の「国家統治の大権は朕か之を祖宗に承けて之を子孫に伝うる所なり」というふうに言っているわけですね。「朕国家の隆昌と臣民の慶福とを以て中心の欣栄とし朕カ祖宗に承くるの大権に依り現在及将来の臣民に対し此の不磨の大典を宣布す」（憲法発布勅語）と。「不磨の大典」というのは、「不磨」というのは要するに「不朽の」といいますか、崩れない、永久の法典だということを天皇が憲法発布勅語で言っている。天皇の統治権を明白に言っているのが、第一条「大日本帝国は万世一系の天皇之を統治す」。「万世一系」というのは祖宗（皇祖皇宗）つまり神武天皇以来の歴代の天皇の権力を自分は受け継いだんだということを言っているわけです。

そういうわけで明治憲法は「国体」というのが中心だった憲法であったわけです。憲法を国民に知らせるというのはどういうふうにおこなわれたかというと、一八八九年二月十一日、まず天皇が天照大神や先祖にまず「奉告」をして、そのあとで、天皇がその当時の総理大臣に憲法を授与した。これでもう公布になっているわけです。そうすることによって、日本は東アジアではじめての近代憲法を有する立憲君主国家となったということになるわけですが、アジアの太平洋地域ではハワイ王国のほうが日本よりは早く一八四〇年、それからトンガ王国が一八七五年に近代憲法をつくっているわけです。

明治の大日本帝国憲法の発布と同時に日の丸、君が代、御真影、万歳という国民統合の四セットを、当時の森有礼初代文部大臣がこれを学校に押しつけて。当時、天皇が民衆のあいだを歩くときは、「静粛に」って言ってね。「天皇陛下万歳」なんてことは、やってはまずいということで――古代には「万歳」と声出したそうですが。明治のはじめは天皇に「天皇陛下万歳」と言うのはなかった。ですが、この（森）文部大臣のあと、「バンザイ」が天皇に対する礼式となった。「漫才」みたいな話ですが、従来は天皇には「バンゼイ」（漢音）で「万歳万歳《バンゼイバンゼイ》」と言っていたらしいんですが、これは耳障りだというんで、音曲の「万歳《マンザイ》」（呉音）ですね、この「万《バン》」と「歳《ザイ》」を組み合わせて、「万歳《バンザイ》」という言葉をつくった。これ、当時の森文部大臣と東京帝大の教官がつくったということですね。「万歳《バンゼイ》」＋「万歳《マンザイ》」＝「万歳《バンザイ》」、というふうにつくったということなんですよ。中国語で「万歳《マンザイ》」というのは「ワンシュイ」と言うんですが、皇帝にだけ使用される言葉で、皇后には「千歳《センザイ》」と、「万」じゃなくて「千歳」というふうに中国語では使われていたそうです。

「押しつけ憲法」としての明治憲法

立憲主義というと、いまの憲法だけの問題じゃなくてですね、大日本帝国憲法でも立憲主義は複合的に入っているわけです。たとえばですね、第四条で「天皇は国の元首にして統治権を総攬し此の憲法の條規に依り之を行う」。つまり憲法の拘束をいちおう受けるわけですね。五条で「天皇は帝国議会の協賛を以て立法権を行う」と。立法者は天皇だけど、「帝国議会の協賛」がないと立法できない。ということで、統治権の発動は勝手にはできなかった。ほかに予算とか法律も「議会の協賛」なしには成立しなかった。たとえば三十七条で「凡て法律は帝国議会の協賛を経るを要す」と、言っているわけですね。六十四条で「国家の歳出歳入は毎年予算を以て帝国議会の協賛を経べし」、「帝国議会の協賛」を求めているわけです。緊急勅令といって、予算が成立しなかったりした場合は、後述のとおり、天皇が勝手にできたんですが、「天皇は公共の安全を保持し又は其の災厄を避くる為緊急の必要に由り帝国議会閉会の場合に於て法律に代るべき勅令を発す」(第八条)と。この勅令は、次の議会で承諾されないと失効する、効力をなくすと、二項にあるわけですね、「此の勅令は次の会期に於て帝国議会に提出すべし若議会に於て承諾せざるときは政府は将来に向て其の効力を失うことを公布すべし」と。おもしろいのは、先ほども言いましたが、この天皇大権により「現在及将来の臣民に対し此の不磨の大典を宣布す」と言っている。「不磨の大典」と言っているからには、これは永遠に改正もできない、廃止もできないはずですが、「不磨」ではないということをみずから言っているわけですね。それが七十三条で、要するに「将来此の憲法の條項を改正するの必要あるときは勅命を以て議案を帝国議会の議に付すべし」(第一項)「此の場合に於て両議院は各々其の総員三分の二以上出席するに非ざれば議事を開くことを得ず出席議員三分の二以上の多数を得るに非ざれば改正の議決を為すことを得ず」(第二項）と。この七十三条にもとづいて、いまの憲法はこの手続きをふんでできあがったわけです。

そうするとこの憲法は、ある意味では天皇絶対主義の建前をもちながらですね、当時、民間のひとたちが私擬憲法と言って四十種類以上の私案が出たんですが、どの草案よりもこの明治憲法は非民主的であって、そして反動的——反動的というのは、むかしに返るという「リアクション」＝「反動」ですからね。そして国民がいっさいタッチできない状態で、秘密主義でつくられた。そして民間のそういう発言を封じて、外人法律顧問の意見を重視してつくられた。これこそまさに「押しつけ憲法論」の言う押しつけであったわけですね、日本国民にとっては。「押しつけ憲法」というのはこういう憲法のことをいうんであって、日本国憲法みたいに、マッカーサー＝ＧＨＱが日本政府に新しく憲法をつくりなさいと、当時に日本政府に求めたのですが、その根拠はポツダム宣言です。ポツダム宣言は、降伏の条件を定めたものなんですが——、読み上げると非常におもしろいんです。降伏条件の六でですね、「日本国国民を欺瞞し之をして世界征服の挙に出づるの過誤を犯さしめたる者の権力及勢力は永久に除去せられざるべからず」と。ここで言う「世界征服の挙」に出た「権力及勢力」というのは、天皇を中心とする日本軍国主義ではないのかというふうに日本の当時の政府は恐れていたわけですね、ずっと。

そういうふうにして、結局、大日本帝国憲法はヨーロッパで言うような近代憲法ではないんですが、天皇についての特殊な考えにもとづいてこの憲法がつくられた。当時の日本国民というのは、江戸幕府の幕藩体制のもとでそれぞれの藩のなかで、その藩の人間にとっては日本人という自己認識はそれほどないわけですね。それを天皇のもとで、「臣民」として統一しようとした。この「臣民」という言葉も明治憲法ののちにつくりあげたもので、家臣の「臣」というのと人民の「民」ですね、この二つをとって「臣民」というふうにして、天皇陛下のもとで天皇の統治に服す日本国民のことを言うわけですね。

そういうふうにしてできた明治憲法なんですが、社会の雰囲気がいちばん民衆的になった時代は大正デモクラシーの時代ですね。天皇というものは主権をもつものではないんだ、たんに統治権が国家という法人にあるんであって、天皇はその最高機関にすぎない、天皇はほかの国家機関の賛意を得ながら統治権をおこなうんだという、いわゆる「天皇機関説」というものにもとづいて、だいぶ天皇の権力というのは大幅に空洞化されるわけですね。政党内閣が大正デモクラシーでだいぶ発展していくんですが、軍部がそのころから台頭して政党内閣制というのが打倒されていくんですよ。それが一九四〇年ころになると、結局、議会も政党も大政翼賛会というものにぜんぶ落とし込んでいかれて、みんなそこに集中していっちゃったわけですね。その一方では、国会議員も大政翼賛会が推薦した議員がほとんどであったなかで、いまの安倍晋三氏の父方のお祖父さん（安倍寛）などはね、そういう大政翼賛会の推薦は受けずに、反軍思想・反戦思想をもっていたわけですよ。三木武夫——田中角栄を逮捕したときの総理大臣——なんかもいっしょに大政翼賛会に反対してね、議会活動をやっていたわけです。安倍晋三に本当に父方のお祖父ちゃんの爪の垢でも煎じて飲ませたいですね。彼はもう、まさにいま戦争への道を突き進んでいるわけですから。

ポツダム宣言受諾までの判断の遅れが災厄をもたらした

このポツダム宣言というのが、一九四五年七月二十六日に発せられるわけですね。署名にはアメリカのトルーマンとチャーチル、それから中華民国首席となっていますが、実際にはスターリンとトルーマン、チャーチルの三名でこういう日本への降伏の条件を取り決めてあったわけです。ポツダム宣言は恐ろしいことを言っているんで、これに反するようなことがあれば日本は「迅速かつ完全なる壊滅あるのみとす」(「宣言」十三)ということを言っているわけですね。

ポツダム宣言が七月二十六日に発せられて、二十七日には日本政府に届くんですけどね。広島に原爆落とされて、ついで長崎に落とされたというのを、いまだに降伏を肯んじず最高戦争指導会議を天皇の前でやりながら、まったく日本の政府はどうしようもなく、総理大臣がこの宣言を黙殺するんだと言ってね。マスコミもそれを煽りたてて、「笑止千万！　米英蔣共同宣言、自惚れを撃砕せん　聖戦あくまで完遂」とか言ってですね。宣言に対してずっと右往左往して、返事をできなかったんですよ。できなかった、というのは、当時日本はソ連と中立条約を結んでいて、スターリンを介して終戦の交渉をやってもらおうということを画策していたんですが、そのころはもうスターリンはポツダム会談をしていた。ソ連が中立条約を破って日本に参戦するのはそのポツダム宣言のあと、八月の九日なんですがね。そういうソ連の動きも知らずに、日本は本当に無邪気にソ連を頼って、スターリンに仲介をやってもらおうなんぞいうところには、ポツダムでチャーチルらが円卓会議で、日本を徹底的にやっつけて、その条件は云々ということをやっているわけです。旅行でポツダムに行ったときにその会議場を見たんですが、文字通り円卓でね、会議で三名が議論したところがまだ残されています。

そのなかで天皇の主権がなくなるということを日本政府がいちばん心配したわけですね。だから八月十日に、このポツダム宣言は「天皇の国家統治の大権を変更するの要求を包含し居らざることとの了解の下に……」って、勝手にポツダム宣言は天皇主権を変更はしないんだという前提で受け入れますって返事したらね。向こうのほうはもう、ぜんぜんそれに取りあわずに、日本国の最終的な政府の形は日本国民が決めるんだということを回答してくるわけです。

そうこうして、結局、御前会議で天皇の終戦の聖断が出るのが遅れたために――本来、七月中で受け入れておれば、原爆投下の八月六日もないし、八月九日の長崎投下もない、ましてや沖縄戦をずっと長引かせたのはこういった国家のデタラメさであったわけですね。天皇もその当時の戦争をしている東條とか元の総理大臣とか戦争指導者の最高会議で一人ひとりから意見を聴いてね、東條なんかは、絶対に最後まで本土で徹底的に戦うと上申した。本当にもう、世界の情勢もなんにもわからない、子供みたいなことを言っているわけですね。天皇も、じゃあもうちょっとやってみるかというふうにして、結局ずるずる伸ばされちゃったわけです。

こういう経過で、制定以来五十六年間、大日本帝国憲法は「不磨の大典」と言いながら、結局、命脈が尽きたということですね、ポツダム宣言という降伏条件を八月十四日に受け入れたことによって。

ポツダム宣言を受諾したとき、天皇が自分は神様じゃないと、はじめて自分は人間なんだということを宣言した。パロディふうに言えば、人間が自分は人間なんだと宣告したはじめての人間が昭和天皇ですね。「朕と爾等国民との間の紐帯は、終始相互の信頼と敬愛とに依りて結ばれ、単なる神話と伝説とに依りて生ぜるものに非ず。天皇を以て現御神《あきつみかみ》とし、且日本国民を以て他の民族に優越せる民族にして、延て世界を支配すべき運命を有すとの架空なる観念に基くものにも非ず」ということで、自分は生き神様じゃないんですよと、ほかの民族よりも日本民族は優越した民族というようなあの八紘一宇とかで、世界は一つになるんだ、そのときの主人は日本人だという、こういう世界はまちがっていましたということを、終戦の翌年ですね、一月一日に「人間宣言」というのをやるわけでしょ。

日本国憲法と大日本帝国憲法の具体的比較

具体的に日本国憲法と大日本帝国憲法の違いは何か。**制定権者**は日本国憲法では前文にちゃんと「日本国民は、正当に選挙された国会における代表者を通じて……ここに主権が国民に存することを宣言し、この憲法を確定する」ということで、要するに日本国憲法は、民定の憲法であるということを言っているわけです。大日本帝国憲法はさっきも読みましたように、憲法発布の勅語とか上諭のなかで、これは天皇が国民に与えるものだということで、欽定憲法であるわけです。

主権について。主権というのは、要するに国家の政治を決める最終的な力をもっているのは誰かという意味ですが、それは当然いまの憲法では国民。二箇所で国民が主権者であるということを言っていますね。前文のところでもさっき読んだとおりですが、第一条で「天皇は、日本国の象徴であり日本国民統合の象徴であって、この地位は、主権の存する日本国民の総意に基く」。「主権の存する日本国民」、主権は日本国民にあるんだと。この二箇所で主権は国民にあるんだということですが、大日本帝国憲法は先ほども読んだとおり、「大日本帝国は万世一系の天皇之を統治す」と、主権は天皇にあるんだということをまず第一条で言っているわけです。

天皇については、日本国憲法では「天皇は、日本国の象徴であり日本国民統合の象徴であって、この地位は、主権の存する日本国民の総意に基く」(第一条)となっているんですが、大日本帝国憲法では、四条をさきほど読んだとおり、「天皇は国の元首にして統治権を総攬」するということを言っているわけですね。「天皇は神聖にして侵すべからず」（第三条）というのは、天皇はどんなことやっても無答責であると、要するに責任を問われないというのが「神聖にして侵すべからず」という意味なんです。いま衆議院選挙真っ最中なんですが、安倍自民党が最終的な目標にしているのは憲法改悪です。その自民党が二年前に憲法改正草案をつくっているんですが、そのなかで、天皇を元首とするという案になっています。その自民党案についてはあとでもいろいろ述べますが。

軍隊についてはどうなのか。いまの憲法では戦争は放棄する、戦力は保持しない、交戦権は認めないとなっているんで、自衛隊は軍隊ではないというふうになっているわけですね。自衛隊は軍隊でないと国際的にも認められているがゆえに、外国で自衛隊に発砲したりする部隊は、いまのところないわけですよ。だから、九条で自衛隊も守られているわけですね。ところが明治憲法では、十一条から十四条まで、天皇は陸海軍の長でもある、行政の長でもある、立法権ももつ、裁判権も天皇の名においておこなうということになっていて、とくに軍隊にかんするものは「天皇は陸海軍を統帥す」というのが十一条。十二条「天皇は陸海軍の編制及常備兵額を定む」、軍人の組織はどうするか、給与はどうするか、こういうのはぜんぶ天皇が決めると。「天皇は戦を宣し和を講し及諸般の条約を締結す」（第十三条）、要するに戦争をやりますということを言って（「戦を宣し」）、平和条約を結び（「和を講し」）、条約締結権もある（「諸般の条約を締結す」）。「天皇は戒厳を宣告す」（第十四条）、戒厳令ですね。要するに天皇は、軍人のなかの軍人、軍国日本のトップの人間であったわけですね。

国民については、大日本帝国憲法では**国民の義務**として、兵役の義務があるわけですね。「日本臣民は法律の定むる所に従い兵役の義務を有す」（第二十条）と、「義務を有す」というのは語感からは変ですが、「法律の定むる所に従い」と憲法ではなっているのに、沖縄戦においては防衛隊とか学徒兵――十四、五歳からの中学生なんか――は、法律にもとづかずに学徒兵を戦場へ引き出し、防衛隊に七十のおじいちゃんまで総動員させられて、沖縄はひどいめにあったわけです。むかしから、憲法のこの条文でさえ無視して、沖縄戦で沖縄がどんな犠牲になったかというのがよくわかります。

国会についてはどういうことを言っているかというと、日本国憲法では「国会は、国権の最高機関」（第四十一条）というのがいまの憲法の建前であるわけですね。「国の唯一の立法機関」（第四十一条）でもあるわけです。要するに、国会はどこからも制限は受けない。国会だけで法律をつくることができる。だから国会議員というのは非常に重要な立場ですからね、「法律の定める場合を除いては、国会の会期中逮捕されず、会期前に逮捕された議員は、その議院の要求があれば、会期中これを釈放しなければならない」という五十条があるわけです。国会議員は「議院で行った演説、討論又は表決について、院外で責任を問われない」（第五十一条）、どんなことをやったって責任は追及されない、現行犯だったら別ですが。国会の重要性からして、国会議員の地位も非常に高いわけです。ところが明治憲法の場合の国会というのは、たんに天皇を協賛する機関にすぎない。「天皇は帝国議会の協賛を以て立法権を行う」（第五条）というようなことになっているわけです。

人権については、日本国憲法でいちばん重視されているわけですね。「国民は、すべての基本的人権の享有を妨げられない。この憲法が国民に保障する基本的人権は、侵すことのできない永久の権利として、現在及び将来の国民に与えられる」（第十一条）。ということは、自民党がこの憲法に反するような条項を通そうとしたら、こういう基本原理に反するわけで、本来できないはずですよね。できないことをやろうとするのが安倍晋三流です。いまの憲法のなかで、人権条項でいちばん重要なのが十三条です。「すべて国民は、個人として尊重される。生命、自由及び幸福追求に対する国民の権利については、公共の福祉に反しない限り、立法その他の国政の上で、最大の尊重を必要とする」。この条項から、環境権とかのような権利を、公明党が憲法にないことは「加憲」しようなんて言っていますが、十三条で環境権というのはすでに判例で認められているわけですから「加憲」の必要もまったくありません。明治憲法も信教の自由とか表現の自由、通信の自由、居住移転の自由とか、財産権、適正手続き、裁判を受ける権利という条項があるんですが、これすべて法律の範囲内での自由であって、法律の認めた範囲でしか認められないというふうになっているわけですね。臣民権利義務はぜんぶ「法律の定むる所に従い」とか、たとえば第二十二条では「法律の範囲内に於て居住及移転の自由を有す」とかね。こういうふうに言っているわけです。いまの憲法では基本的人権というのは生まれながらにしてもっている権利ですが、大日本帝国憲法のもとでは鉢の中の水中を泳ぐ魚のようなもの、その範囲でしか自由はない魚と同じですね。日本国民の人権はその程度のものであったわけです。

内閣制度は、明治憲法のなかには内閣制度の規定はなくて、別に内閣総理大臣が内閣官制に定められ、国務大臣が天皇を助けて行政をおこなうんだということになっているわけです。「国務各大臣は天皇を輔弼し其の責に任ず」（第五十五条）と。いまの内閣というのは、「国会に対し連帯して責任を負う」（第六十六条第三項）。日本国憲法第六十八条二項で「内閣総理大臣は、任意に国務大臣を罷免することができる」とあるとおり、総理大臣は国務大臣を勝手にいつでもクビを切ったりなんかすることができるんですが、明治憲法のもとでは、総理大臣はほかの大臣と同輩者でしかなくて、むしろ陸軍大臣とか海軍大臣は現職の人間でないとダメだということになっていたんで、それをうまく利用して内閣を倒したり、軍部がその就任規定を悪用したわけです。要するに、軍部の暴走は、憲法と憲法の運用にひとつの原因があったということです。

選挙制度は当然、いまは普通選挙で平等選挙ですが、明治憲法発布直後は当時の直接税一五円以上納めた二十五歳以上の男だけが選挙権をもっていて、ほかのひとたち、たとえば女性はみんなダメ、外人扱いですね。ほとんどそのときの有権者というのは、全体の一・一％ぐらいだというふうに言われています。

義務については、いまの憲法では子女に教育を受けさせる義務、納税の義務、勤労の義務というのがありますが、明治憲法では兵役と納税の義務、この二つです。ところが、自民党が二年前につくった改憲案では、驚くべきことに国民の義務が一〇個になっているんですよ。国防義務、日の丸・君が代尊重義務、領土資源確保義務、公益および公けの秩序服従義務、個人情報不当取得等禁止義務、家族扶けあい義務、環境保全義務、地方自治分担義務、緊急事態指示服従義務、憲法尊重義務。国民にまで憲法尊重義務を入れ込んで、逆に天皇と摂政は除外しているわけです。いまの憲法は、国民は九九条の尊重義務のなかには入ってなくて、天皇、摂政、その他の公務員が憲法遵守の義務があると言っています。それは当然で、憲法というのは権力者、公的な立場にあるひとを拘束するためのものですから、憲法を守らせるのが国民なんだから、国民はその憲法を遵守尊重する義務は本来ないわけですよ、いまの憲法上はね。家族扶けあい義務とかいうことも、一種の道徳を憲法のなかに入れ込もうとしているわけで、要するに家族は扶けあいなさいと、生活保護も家族とか一族でみなさいと。そういうふうな魂胆ですよ。憲法下の立法で社会福祉費を削ろうという魂胆なんですね、これ。

財政については、いまの憲法はすべて国会の統制下にあるわけですが、明治憲法では例外がありまして、天皇が国会の統制外で勝手に処理するということもできたわけですね。緊急処分とか、帝国議会が予算を議定せず又は予算成立に至らない場合は前年度の予算を施行することができたわけです。

地方自治は、いまの憲法で新しくできたものであって、民主政治は地方こそ重要なんだということで、その地方だけに適用される法律はその地方の住民投票を経なければいけないというような条項（第九十五条）があるわけですが、明治憲法では地方自治というのは認められていないですから、そのころは中央集権で、要するに中央から官を派遣して、官が地方を治める。官治政治ですからね。憲法上の規定はなかったわけですね。

そういうことで、いかにいまの日本国憲法がイギリスの名誉革命からアメリカの独立宣言、フランス革命、パリ不戦条約や国連憲章など、そういった平和と人権思想の流れをくんで、そのうえに当時の民間の立派な草案も取り入れて、選挙法を改正して、国会でそのための選挙をして、そこで自由闊達に論議され、議決された、本当の自主憲法であったわけですね。ところがいまの右翼の政党なんかは、これはGHQに押しつけられたもので、自主憲法でないから、自主憲法をつくりましょうなんてことを言っているバカな政治家たちがいるわけですよ。本当に腹立つんですよね、ああいうのを見ると。世界的にも各国の議会が日本国憲法に倣って政府の戦争行為を禁ずる議決を採択するように呼びかけていきます、というのはハーグの世界平和会議で言われたことですが、日本国憲法は最高であるということを一九九九年の五月に言っているわけですね。

この日本国憲法は人類の英知が結集された、世界に冠たる、誇るべき、なんの瑕《きず》もない、本当にすばらしい憲法であるということを最後に申し述べて、わたしの話はこれでおしまいにいたします。ありがとうございました。

「押しつけ憲法」論の真実とウソ

二〇一五年五月二十四日

みなさま、ご紹介いただきました仲宗根です。

きょうはこういう立派な教会に招いていただきまして本当にありがとうございます。いまさっきもお話があったように、わたしはいま、憲法の問題と辺野古の問題で毎週二回ですね、辺野古の抗議デモに出ておりまして、高江にはときどき行くんですが、そこにいつもシスターの方たちが高江に行くごとにいらっしゃるんで、とくにカトリックというのは、そういう現実の問題と切り結ぶような活動というのはあまり、わたしのいままでの考えのなかではなかったんですが、いつもどこでも抗議活動のなかにキリスト教、キリスト者、そのようなひとがいるというのがわかりました。わたしが毎週木曜日にうるま市のバスを借り切って辺野古に行っているのですが、そのバスにいっしょに乗るひとがですね、石川の牧師の方がいらっしゃるんで、ときどき話しあったりするんですが、そういうことでキリスト者といいますか、そのような方がたがこの平和の問題について、すごい活動をされているんだということがわかりました。

さきほどいただきましたカトリック中央協議会の「平和を実現するひとは幸い」という戦後七

〇年の司教団メッセージにこういう文章があります。「戦後七十年をへて、過去の戦争の記憶が遠いものとなるにつれ、日本が行った植民地支配や侵略戦争の中での人道に反する罪の歴史を書き換え、否定しようとする動きが顕著になってきています。そしてそれは特定秘密保護法や集団的自衛権の行使容認によって事実上、憲法九条を変え、海外で武力行使できるようにする今の政治の流れと連動しています」と。いままさに安倍内閣が安保法制をこの集団的自衛権行使容認を前提にして、違憲の法律をジャンジャン出そうとしている、いまのこの政治状況をこれだけの文章でぜんぶ言い当てているわけですね。そしてその文章の後部には「また日本の中でとくに深刻な問題は、沖縄が今なお本土とは比較にならないほど多くの基地を押しつけられているばかりか、そこに沖縄県民の民意をまったく無視して新基地建設が進められているということです。ここに表れている軍備優先・人間無視の姿勢は平和を築こうとする努力とは決して相容れません」と書かれています。これにわたしはたいへん感動しました。

日本国憲法押しつけ論のウソ

この歴史を書き換えようとしているという安倍さんのオトモダチを中心とする歴史観をもっているひとたちですね、このひとたちがいつも言うのは、日本国憲法はＧＨＱが押しつけた憲法であると。八日間で専門家でないひとたちがつくった憲法だということで、自主憲法をつくろうということでやっているんですが、これはもうまったく事実に反する。勉強不足というか、まったくこの無知蒙昧なひとたちだということを実証するためにですね、わたしはたびたびこの話をやっているんですが、きょうも押しつけ憲法論という、彼たちが言うのがいかに根拠のないものであるかということを一時間半くらいでおしゃべりしたいと思います。

「押しつけ」という言葉のまず意味というのは、常識的にはどういうことかというと、いちばんおもしろい国語辞典である『新明解』という三省堂の国語辞典があるんですが、これによると「反発できないほど強引にこちらの意向を相手に強要すること」と。「もっぱらこちらの都合で相手が望まないものを与える」と。そういう意味での「押しつけ」の典型的なものが、ここに書いたような、オスプレイの配備とか普天間基地の辺野古への移設を安倍政権が強行している。高江もそうです。竹富の教科書問題もありました。あれも右翼教科書を押しつけようとして、策動した一派が結局、世論に負けていたんです。

憲法の押しつけの典型的なものといわれているのが、南北戦争でアメリカで北軍に南軍が負けて、奴隷制度をなくそうというんで、修正条項ができたんです。十三条で、奴隷、および本人の意に反する労役の禁止。そして十四条で正当な法の手続きの保障、要するに黒人であれなんであれ、正当な手続きのもとでないと刑罰を科したりはできないと、すべての人間は平等なんだという、平等に保護されるべきだと。で、十五条の修正が、人種や身体の色などに関係なく投票権は平等に保障されるというような。この南北戦争、この南部の大農園領主を中心にした部隊が、北部の中心派といいますかね、部隊に負けた結果、こうなったんですが、しかし押しつけられた憲法は定着はせずにですね、百年後にいたるまで、例のあの公民権運動でキング牧師なんかの運動によって、人種差別はいちおうなくなったように思われているんですが、いまなお、人種差別はつづいているわけです。たとえばさきごろ安倍が訪米してオバマと会談中に、白人が黒人を殴って、暴動みたいになっているというんで、十何分も安倍は放っておかれて、オバマは国内問題、要するに黒人問題で、右往左往していたという状態であったわけですね。で、そういう意味での「押しつけ」が、日本国憲法の制定過程、立法過程、その後の状況のなかであったのかということなんですね。

ポツダム宣言受諾のいきさつ

明治憲法という、天皇独裁で、軍事もすべて天皇が権力をもつという天皇主権が、この太平洋戦争で負けたことによって、ポツダム宣言を受諾するはめにおちいるわけです。沖縄では戦争を六月二十三日にいちおうかたちだけは終了したということになっているんですが、七月二十六日に、ドイツのポツダムでアメリカのトルーマン、それからイギリスのチャーチル、ソ連のスターリン、この三国会議を開いて、だいたい二週間、七月中旬ごろから八月にかけて会議をして、日本の降伏条件を採択するわけです。資料をご覧になっていただきたいんですが、「一九四五年七月二十六日、米、英、支」となっているんですが、「支」というのは中華民国なんですね。蔣介石のほうが載っているんですが、これどうしてかというと、日本は当時、ソ連と中立条約を結んでいてですね、ソ連が中立条約を廃棄して参戦するのは八月の八日なものですから、ここにはだからソ連は入ってはないんです。

このポツダム宣言のなかでいちばん重要な六項でですね、「日本国国民を欺瞞し之をして世界征服の挙に出づるの過誤を犯さしめたる者の権力及び勢力は永久に除去せられざるべからず」というこの「権力及び勢力」、要するに「世界征服の挙」に日本国民をもっていった、過ちを犯させた「権力及び勢力」は、これは天皇制のことじゃないのかというんで、当時の鈴木貫太郎内閣というのがですね、外国の特派員に対して、このポツダム宣言は七月二十六日に発せられて翌日にはもう大使館を通じて日本の内閣まで届いているんですが、内閣はまだ事態の認識をもっていなくて、とても右往左往するわけです。マスコミ自体も、鈴木首相が外国の特派員にノーコメントと言ったのが「黙殺」というふうに新聞に載ったもので、当時の新聞も軍隊といっしょになって戦争を煽っているわけです。だから、このポツダム宣言の内容を受け入れるべきじゃないんだとか言って、例えば「毎日新聞」なんか「笑止!」、お笑いということですね。「米英支共同宣言自惚れを撃砕せん　聖戦あくまで完遂」とかですね。軍隊は、沖縄がもうめちゃくちゃになっているのに、本土決戦やるんだというんですね、まだ戦うと。そのポツダム宣言、無条件降伏をやるべきじゃないということで、鈴木内閣を打倒して、軍部の内閣をつくろうというクーデターまで準備しているなどと、右往左往の状態であったわけです。そうするうちに、八月六日には広島に、で三日後には長崎に原爆投下されちゃうんですよね。日ソの中立条約というのがあって、ソ連は日本にまだ参戦してなかったんですが、このポツダム宣言のなかで密約して、ソ連を参戦させて、日本を叩いて早く降伏させようというんで、例えば北方領土をね、日露戦争で日本に奪われた北方領土を取り返す条件でスターリンとチャーチルなどが談合して、ソ連も参戦するわけです。

御前会議で、最高戦争指導会議なんですが、そのなかで結局、決着がつかないもんですから、じゃあこういう条件をつけて受諾しましょうということになったんです。それはですね、天皇の国家統治の大権、つまり天皇制ですね、「之を変更するの要求を包含し居らざることの了解の下に受諾する」と。天皇制を残してくれるんでしょうね？　という条件つきで言ったんですが、連合国はこれをまったく無視して、将来の日本国民が「自由に表明せる意思に従い」、「平和的傾向を有する」政府ができるまでのことであって、天皇制について残るとも残らないとも言わずにいたわけです。当時の内閣や軍部、いろいろガチャガチャ言いあっているんですが、昭和天皇が結局、戦争継続は無理だと、続ければ全国が焦土と化して、国民に苦痛を嘗めさせるのは忍びないというんで、受諾しようということになったわけです。それが八月十四日です。それをラジオの盤に吹き込んで玉音放送するんですが、その盤を取り返そうとしてＮＨＫに軍隊が駆け込んだりとかいうのは、みなさんもテレビなどどこかで見たことがあると思います。そのラジオ放送が「玉音放送」といいますね。結局は「耐え難きを耐え」という、あの天皇の放送があるわけです。で、八月三十日にはマッカーサー連合国最高司令官がマニラから読谷飛行場にまず寄って、それから厚木飛行場に降り立つわけです。マッカーサーはそこで沖縄のこの地形を見ているわけですね。

日本国憲法制定にいたるまで

そういう状況のなかで、当時の東久邇宮という公家の出身の総理大臣のもとに、近衛文麿というのがマッカーサーのところにしゃしゃり出ていって、会談をもつわけです。この近衛というのは、貴族院の議員になるのが京都大学の在学中で、二十五歳で貴族院議員になって、一九三七年の第一次近衛内閣、四〇年第二次近衛内閣、四一年第三次近衛内閣で、第一次内閣のときにあの例の盧溝橋事件、軍部が勝手に中国で自分たちで列車を爆破しておいて、これは中国がやったと言うんで、日中戦争をでっちあげるときの総理大臣ですね。結局それで、蔣介石を相手とせずとか言って、大本営をつくって、戦時国家へもっていった、国家総動員法も同じ年につくって、東亜新秩序の声明を、ナチス・ドイツのヨーロッパ新秩序をつくる必要があるというあの叫びに連動することを、昭和十三年ですよね、十一月にやると。第二次近衛内閣のとき、一九四〇年ですが、日独伊ですね、三国の軍事同盟を調印すると。第三次近衛内閣、一九四一年なんですが、内閣で陸海軍が意見不一致で、当時はもうその場合は内閣は総辞職というんで、辞表を出して、十月十八日に東條英樹内閣ができるわけです。そういう意味で、この近衛というひとは戦前の日本軍国主義の最大の責任者であるんですが、終戦後の新しい世になってね、しゃしゃり出ていって、マッカーサーと会談するわけです。そのときマッカーサーのほうから、ポツダム宣言を受諾したんだから憲法改正の必要があると。従来の翼賛選挙で選ばれた議員がいたわけで、その選挙法の改正をしないといけないということをマッカーサーから言われて、そして天皇とこのひとはツーカーで会える仲だったんで、天皇に言って、内大臣府御用係になるわけですね。

そうするんですが、結局、あまり資格のないひとがそういうことをやっているのはおかしいじゃないかということをですね、当時アメリカ国内でも批判が出てくるわけです。ちょうど昨日(二〇一五年五月二十三日)の「朝日新聞」にハーバート・ノーマンというひとの記事が載っていてね、その記事によると、要するに一九五七年四月四日、エジプトの首都カイロでカナダ人外交官ハーバート・ノーマンがビルから飛び降り、命を絶ったと。このひとなんですが、このひとは日本で生まれてですね、宣教師の子供として、長野県ですかね、あそこに十五歳くらいまでいて、学者なんです。日本近代史の専門家で、『日本における近代国家の成立』とか、岩波新書から出ている安藤昌益を取り上げた『忘れられた思想家』とか、『クリオの顔』とかいう随想集などがある、有名な学者でもあるんですが、このひとがね、米国に請われて、カナダの外務省にいたんですが、GHQに出向していて、近衛文麿が憲法制定に関わるというのは、おかしいと。その近衛の戦争犯罪にかんする調査をして、このひとは、彼が公務に出しゃばり、策略をめぐらし、総司令官に対し、自分が現情勢において不可欠の人間であるかのようにほのめかすことで、逃げ道を求めようとしていることは我慢ならないという、調査報告書を出すわけです。それでマッカーサーは文麿を解任するんですが、このひとは東條英機なんかに対するA級戦犯の逮捕命令が出た二日後にはもうGHQにマッカーサーに会いに行った、そういう人間なんですが、結局、犯罪容疑者ということになって、逮捕命令が出た。で、出頭命令日の十二月十六日に青酸カリを飲んで自殺してしまう。

ということで、ひとつの新憲法をつくる試みはダメになっちゃうんですが、同じ時期にですね、幣原喜重郎というひとが、東久邇宮内閣のあとを継いでですね——この東久邇宮内閣も結局、マッカーサーが人権指令を出して徳田球一とかああいう政治犯を釈放しろ、特高を廃止しろ、弾圧法令を廃止しろというのが出ると、すぐ翌日には総辞職するわけです。そのあとが、外交官出身だった幣原喜重郎が内閣をつくるわけです。そしてマッカーサーを訪問するのが十月十一日です。そのときにマッカーサーが、今後ポツダム宣言にもとづいて改革をやるべきことは五つである、つまり婦人解放、労働組合の助長、教育の自由・民主化、秘密的弾圧機構の廃止——治安維持法とかなんとかですね、ああいうのは廃止と——、経済機構を民主化する——財閥の解体とかですね——。ということで、憲法の必要性については要求は含まれていなかったわけですね。憲法改正をやりなさいとは言っていないわけです。マッカーサーが言ったのは、ポツダム宣言をもとにして、日本政府自身で、自分たちで憲法をつくりなさいと、改正を首相に指示するわけです。

憲法研究会の日本国憲法草案への高い評価

それですぐ、内閣で憲法問題調査委員会をつくるわけですね。十月二十五日ですか。その委員はだいたい東大系のひとたちばかりなんですが、松本烝治という商法のあのころ大家であったひとですが、とても自信たっぷりのひとで、GHQの係官まで教育しようとするくらいの強い意志の持ち主であったわけです。委員の宮沢俊義というのは、東大の憲法の先生で、最近まで日本国憲法のコンメンタール＝注釈は、このひとが書いた分厚い本をいまの法律家、弁護士、裁判官、みんなそれで勉強しているわけですが、この委員会がちゃんとできて、審議するんですがね、なかなか二、三ヵ月たってもですね、GHQが早く出せ出せと言うのに、出さないんです。出さないところ、「毎日新聞」がそのひとつの案をスッパ抜くんですが——これは意図的に流したんじゃないかとかいう話もあるんですが——、結局これが新聞に載ったらですね、いままで戦争を煽っていた新聞自体が憲法案に対してあまりにも保守的であると、現状維持的であるというんです。ほぼ一条から四条の天皇制がほぼそのまま、字句だけ変えているわけですね。「大日本帝国は万世一系の天皇之を統治す」というのをちょっと字句を変えただけ。天皇主権はそのまま残っているわけです。これはＧＨＱはもう、天皇の行為の制限がないきわめて保守的だということで、このひとたちにはもう預けられないとＧＨＱが判断したわけなんです。しかも、そのときにはもうすでに、ＧＨＱが高い評価をしていた憲法研究会案というのは、すでに政府に出されているのに、これをまったく無視していたわけですね。鈴木安蔵とか森戸辰男とかが案を出していて、しかも前の年の十二月には労働組合法というのができて、団結権もある、団体交渉権もあるという民主的な労働組合法もできて、そして衆議院議員選挙法も改正されて、女性にも選挙権が与えられて、その選挙の結果も出ている。その選挙というのは改正草案を審議するための選挙であったわけですが、もうそういう選挙も終わっていて、しかも天皇が一月一日にいわゆる「人間宣言」というのをやっているわけです。つまり天皇は神ではないと。日本民族が世界に冠たる優秀民族であって、世界を支配する資格をもっているというのは嘘であるというね。連合国としては、当時天皇の戦争責任を問うオーストラリアとかイギリスなどがさかんに言っていたもんだから、こういう日本人の信仰というのを天皇みずから否定すればですね、その声も抑えられるんじゃないかと、その戦争責任を追及する声もやわらげられるんではないかというんで。あの有名な「朕と爾等国民との紐帯は終始相互の信頼と敬愛とに依りて結ばれ、単なる神話と伝説とに依りて生ぜるものに非ず」と。「天皇を以て現御神とし、且日本国民を以て他の民族に優越せる民族にして、延て世界を支配すべき運命を有すとの架空なる観念に基くものに非ず」と。この言葉はアメリカが原案をつくって、幣原総理大臣が手を入れたというふうに言われています。

いろいろな民間草案がですね、マッカーサー草案が出るまえに、いっぱい出るわけです。社会党案、ここでは天皇は象徴であるというようなこともすでに言っているし、共産党案とかは、スターリン憲法とかドイツのワイマール憲法の影響を受けた休息権だの住宅の保障、勤労婦人の保護とかですね。ところが保守党の、日本自由党なども出すんですが、これはもうほとんど明治憲法のままの天皇条項ですね。「天皇は統治権の総攬者也」とかいうような。

こういうふうにして、日本自身に憲法をつくれということであったんですが、GHQとしてはまえまえから、各国の憲法や法規を調査して、民間草案を翻訳して、研究していたわけです。とくに鈴木安蔵たちの憲法研究会案というのは、とても高く評価してですね、この草案の影響が日本国憲法に入っていくわけです。

GHQが憲法草案を決定するまで

で、「毎日新聞」のスクープ報道をみて、GHQはしょうがなくて、憲法起草に動き出すわけですね。マッカーサーとしては、極東委員会といって——第二次大戦直後に、実質的にはアメリカ単独の日本占領であったんですが、それを十一の連合国が統制するために、前の年の十二月にモスクワでアメリカ、イギリス、ソ連の三つの国の外務大臣が集まって、四六年の二月二十六日にマッカーサーの司令部を管理する最高政策決定機関として極東委員会というのをつくろうということになっていたわけですね。だから、その極東委員会が来年二月二十六日に動き出すまえに、ソ連などの外部の雑音を入れないようにということで、早めに憲法をつくろうということを決断するわけです。

一九四六年二月三日にマッカーサーは民政局長を呼んで、この三つの原則にもとづいて憲法草案をつくりなさいということを言うわけですね。それをマッカーサー三原則という。ひとつは、天皇は「head of the state」だったが、これはあとで委員のほうから「symbol」に変えられるんですがね、つまり政治的な権限を、明治憲法みたいな天皇に政治的権限をもたさないということで「symbol」というふうに変えるわけです。天皇についてまずひとつめの原則。

あと戦争放棄についても言っているんです。マッカーサーは、侵略戦争も当然そうだし、自衛戦争ですね、「自己の安全を保持するための手段としての戦争をも放棄する」と。「日本はその防衛と保護を、いまや世界を動かしつつある崇高な理想に委ねる」と。つまりこれは、当時の国際連合ができつつあった、連合国の作成した国連憲章が四五年にはできていますから、それに委ねるという非常な理想主義に燃えていたわけです。「日本が陸海軍をもつ権能は将来も考えられることなく、交戦権が日本に与えられることもない」と。ということで、完全な理想的なといいますかね、であったんですが、これは国際連合憲章の第二条の四には、行動の原則として「すべての加盟国は、その国際関係において、武力による威嚇または武力の行使を慎まなければならない」とある。この「武力による威嚇または武力の行使」という文言をですね、原則にもってくるということで、これを憲法草案に追加して、「武力による威嚇又は武力の行使は永久に之を放棄する」というふうに、運営委員会のケーディスという重要な人物がこれを追加するわけです。この戦争放棄はだれが言い出したかというんで議論があるんですが、マッカーサーと幣原が会談したときにですね、幣原喜重郎というのは元外交官だったんですが、第一次世界大戦後の一九二八年ですね、不戦条約――フランスの外相とアメリカの国務大臣の名にちなんで、ケロッグ＝ブリアン条約とも言いますがね――、この条約に署名したときの日本の全権でもあったわけです。だから平和について非常に見識があったといいますか、それで幣原がマッカーサーとの会談のときに、戦争放棄も提案するわけです。というふうに、幣原喜重郎の秘書であった女性の日記にあるんですが、そのときにマッカーサーは涙を流さんばかりに幣原の手を取って感動していたという記事があります。ただ、いやそうじゃない、あれはマッカーサーが言い出したんだという説もあるようです。

三つめが、日本の封建制度は廃止されるというものです。貴族の権利というのは、もう皇族以外はみんななくなるんですね、華族とか士族とかなくなるわけです。

この三つの原則を承けてすぐ翌日には、民政局長が二十五名の職員を召集して、憲法起草委員会をつくるわけですね。これはもう、ＧＨＱ内でも秘密のうちで進めるわけです。その組織なんですが、運営委員会という重要なひとたちのもとで、立法権、行政権、人権それぞれについてまた小委員会みたいなのがあって、四名で構成する運営委員会にもちよるわけです。ケーディス陸軍大佐、ハッシー海軍中佐、ラウエル海軍中佐、これはみんなハーヴァードとかスタンフォードとかのロースクールを出た、当時のニューディール派と言いますかね、自由主義者である本当の法律の専門家であったわけです。

右からの「押しつけ憲法」論者の無知

レジュメの「第七　生きのびる押しつけ憲法論」というところに、櫻井よしことというのがありますね。このひとが去年の五月三日の「朝日新聞」紙上で、「日本の現行憲法は憲法を知らないＧＨＱの素人集団が短期間でつくったもので、専門家によるチェックもなかった」と言っているわけですね。ちゃんちゃらおかしいでしょ。「政府は政治学者や法律学者、その他学識経験者の相当数を貴族院議員として憲法草案の審議に参画させた」というのは、これは「世界」という雑誌の一九六二年八月号に、民法の日本の大家である我妻栄というひとが書いている（「知られざる憲法討議）」し、宮沢俊義教授自身もあとで話すんですが、憲法委員会およびその小委員会のメンバーで綿密にチェックしているわけです。こういうこともわからない、勉強していない櫻井よしことかいう右のひとたちは、知ったかぶりの講演などをやっているわけです。そして安倍首相も、憲法は占領軍の手によってつくられたと、たった八日間だったと言ってね、これは去年の三月の予算委員会での発言ですけど。

このことはいまからずっとしゃべるんですが、この生きのびつづけている押しつけ憲法論というのもまったくバカげているわけです。ふつうのひとたちも、こういうひとたちの言うことを聞くと、ただ英語で書いたマッカーサー草案を翻訳してね、日本語に置き換えたのがいまの日本国憲法じゃないかと思いがちですがね。それを補強するためなんかに、石原慎太郎なんかは日本国憲法は日本語になってないなんて言ってるでしょ。とんでもないですよ。あれは、山本有三とか国際法学者の横田喜三郎とか、口語の運動をやっているひとたちがちゃんと日本語にする試みをして、それを官邸のほうでチェックをやったんですよね、ちゃんと。ただ、当時の法律というのはもうぜんぶカタカナで、そして句読点もなんにもないわけでね。例えば民法で「私権ハ公共ノ福祉ニ従フ」、「権利ノ行使及ビ義務ノ履行ハ信義ニ従ヒ誠実ニ之ヲ為スコトヲ要スル」はぜんぶ、漢字のほかはカタカナであったわけですよね。これは現在の条文は「私権は公共の福祉に適合しなければならない」とか、「信義に従い誠実に行わなければならない」とかというふうになっているんですが、はじめて法の条文でひらがな書きをやったのがこの日本国憲法なんです。そういう意味でも、これは法律の大衆化といいますかね、民衆化の役割を果たしたわけです。ポツダム宣言は外務省の翻訳なんですが、これ全部カタカナでしょ。

ベアテ・シロタの存在と寄与

ＧＨＱの憲法委員会には立法にかんする委員会、行政権にかんする委員会、人権にかんする委員会、司法権にかんする委員会と、いろいろあるんですが、ここで非常に重要なことといいますか、人権にかんする委員会のなかにベアテ・シロタという女性がいるんですが、みなさんもテレビで見られたと思いますが、もう最近ですかね、二、三年前に亡くなられたんですけどね、ＮＨＫでインタビューしているんです。その当時、このベアテ・シロタというのは二十二歳で、「世界」という雑誌のインタビュー（一九九三年六月号）からわたし、とってきたんですが、このひとの両親はピアニストであった、ウィーン生まれで。一九二八年、五歳のときに、父親が東京音楽学校——いまの東京芸大ですね——の教授として来て、それで日本に住んだと。十五歳まで、十年間東京に住むんですが、いつも日本の子どもと遊んだ、お花も習った、日本舞踊も習った、琴も習った、お母さんが習わせたと。隣には梅原龍三郎という有名な画描きですね、両親の友人であって、隣人であって、その子どもたちとよく遊んだと。結局、戦争前にアメリカの名門女子大学のミルズ大学に進学して、そこで米国市民権を取る。大学卒業したら、「タイム」誌に勤務したりですね、日本人向け短波放送もやって、そして日本にいる両親に会うのが本心で、四五年十二月にはじめて女性文官としてGHQの役人として日本へ来るんです。このひとは、ひとつの図書館から憲法の本をいっぱい借りると秘密がばれるというんで、たくさんの図書館に行って十二ヵ国語ほどの憲法を集めて勉強した。ということで、人権にかんする条項で彼女がつくったのが十四条のもとになったもの、二十四条のもとになったものがあります。彼女は、「わたしが子ども時代に観察し、経験した日本人の生活や女性と男性の地位についての理解と知識が、ミルズ大学でのフェミニスト教育に影響されて、女性の権利条項を起草するための強い動機になったと思います。もしわたしが日本に住んだことのある女性でなかったら、日本の女性の権利について、これだけの努力をしたとは思えないのです」と。

彼女がつくった、いまの日本国憲法十四条のもとになった草案はね、こう言っています。「すべての人間は法のもとに平等である。人種、信条、性、門地、国籍による政治的経済的教育的社会的関係における差別はいかなるものも認めず、許容しない」、「称号、名誉、勲章、殊勲の保有または授与にいかなる特権も伴わない。殊勲の保有または授与は既存か将来授与されるかにかかわらず、それを保有または授与された個人の生存のかぎりにおいてのみ有効である」。つまり生きているかぎりで、現在あるものは有効なんだということを言っているわけです。二十四条のもとになったのは、こういうふうなことを書いていますね。「家族は人間社会の基礎であり、その伝統は良きにつけ悪しきにつけ、国民に浸透する。ゆえに、婚姻と家族は法によって保護され、親権者の強制によることなく両性の合意のもとに、男性支配によることなく協力のもとに、両性の明白な法的社会的平等のうえに成立すべきことをここに規定する。この原則に反する法律は廃止され、個人の尊厳と本質的な両性の平等の見地から、配偶者の選択、財産権、相続権、住居の選択、離婚と婚姻と家族に附随するほかの事項にわたる法が制定されねばならない」と。

これを出したら、日本側がこれを削除してもらいたいと、強く反発があって、松本委員会のほうで、これは日本の歴史と文化に合わないということで、だいぶもんだんですが、ケーディスが助言して、結局これを認めさせて、マッカーサー草案には、「婚姻は両性が法律的にも社会的にも平等であることは争うべからざるものであるとの考えに基礎を置き、親の強制ではなく、相互の合意にもとづき、かつ男性の支配ではなく両性の協力により維持されなければならない」というのが、マッカーサー草案の二十四条です。それが日本の当時の帝国議会で明治憲法の改正として――いまの憲法は実質的には新憲法ですが、形式的には明治憲法の改正憲法なんです――、この草案が結局取り入れられて、「婚姻は、両性の合意のみに基いて成立し、夫婦が同等の権利を有することを基本として、相互の協力により、維持されなければならない」、「配偶者の選択、財産権、相続、住居の選定、離婚並びに婚姻及び家族に関するその他の事項に関しては、法律は、個人の尊厳と両性の本質的平等に立脚して、制定されなければならない」という、いまの日本国憲法二十四条にいたるわけです。

マッカーサー草案の変更——改正草案へ

この憲法草案ができるまでには、松本委員会がマッカーサー草案の条項を受け取って、それをいちいち日本文にするんですが、日本文にするについて、本当にこの委員会はどうしても日本国憲法のなかに明治憲法の天皇大権を残そうという魂胆があって、例えばマッカーサー草案の「天皇の国事行為は内閣の助言と承認を必要とする」という英文を、明治憲法でいう「国務各大臣は天皇を輔弼し其の責に任ず」というこの条文をふまえて「輔弼賛同」と訳するんですが、ここでも結局、GHQの委員とチャンバラするんですね、机たたきあって。で、結局、いまの「助言と承認」というふうに戻るわけです。日本文にするときに、マッカーサー草案では、国会は一院制だったのを二院制に変更したりするわけですね。また、国民主権というのをごまかそうとしてですね、「日本国民至高の総意」とかいうふうにこれを訳するわけですね、「the sovereign will of the People」というのを。「天皇の position＝地位は、主権の存する日本国民の……」というようなところが、「日本国民至高の総意」とかいうふうにやるんで、これも結局、GHQのもとの言葉に戻るわけです。

さっきも言ったように、当時、法律や六法というのはぜんぶカタカナ書きで、しかも句読点もなにもない。商法も民法もそうだし、六法ぜんぶですね。刑事訴訟法だけは戦後できたものですからひらがななんですが。民法などもごく最近まで、昭和四十年、五十年代までぜんぶカタカナでしたよ。「私権ノ享有ハ出生ニ始マル」とか、そういうのはぜんぶカタカナで読んでいたわけですが。これは、戦後まもなく国語はもうちょっとわかりやすい口語体にすべきだという運動があって、これを総理大臣に建議するんで。日本案から憲法改正草案要綱を発表するんですが、これまでは、例えばもって建議をするんです。山本有三とかの小説家とか横田喜三郎とかが私案を義務教育の延長で草案要綱というのが出ていますが、カタカナ書きだったものがですね、発表された帝国憲法改正草案というのは、改正草案二十四条二項「すべて国民は……」というふうに、ちゃんと点も打って、句読点もある。こういう旧かな遣いになるんです。だけど、それでも日本国憲法のかな遣いが現代かな遣いと違うというのは、例えば同じところの日本国憲法二十六条二項で、「すべて国民は、法律の定めるところにより、……普通教育を受けさせる義務を負ふ」となっているでしょ。これは、旧かな遣い時代にこの日本国憲法は発布されたからね、ぜんぶそうなっているわけです。いまの遣い方、新かな遣いになっていないのは、これは結局、憲法発布直後、十一月に現代かな遣いの政府の告示が遅れたもんだから、日本国憲法はぜんぶ旧かな遣いになっているんですね。例えば「行う」というのが「行ふ」とかね。ただぼくらはもう、旧かな遣いの法文に慣れているから当然、自然に読んで「行う」というふうにするんですが、いまの用語感覚からはちょっと……というところも出てくるわけですね。ぜんぶいまの憲法はそういうふうになっているわけです。

で、その憲法草案ができまして、帝国議会でですね、改正草案を審議するわけですが、明治憲法時代の衆議院議員の選挙権というのは、直接国税十五円以上を納める二十五歳以上の男だけについて選挙権を認めていたわけですね。これでだいたい四十五万人にすぎなかったわけですね。女性やそのほかの条件に入らないひとは選挙権なんかまったくなかったわけなんですが、マッカーサーのあの指令にもとづいて、改正した選挙法にもとづいて、総選挙――この憲法草案を審議するための選挙――をおこなうわけですね。そしてその結果、こういうふうに自由党が第一党になって、第一次吉田茂内閣ができるわけです。その内閣の憲法担当が金森徳次郎というひとがなるんですが、この審議たるやとても綿密で。この金森徳次郎が議員と応答した答弁が一三六五回となっています。三ヵ月あまり、貴族院と衆議院で審議をするんですが。そのまえに小委員会というのをつくって審議をするわけです。そこで、マッカーサー草案にないようなものがいっぱい審議の過程で入ってくるわけです。

いちばん大きな例が、いまの二十五条の生存権の規定ですね。これは先ほど言った憲法研究会案にあった条項で、ワイマール憲法のなかにもあるんですが。「国民は、健康にして文化的水準の生活を営む権利を有する」ということで、この条項を入れろというんで、この森戸辰男というひとが――議員だったんですが――とてもがんばるんですね。このひとは、もとは東大の先生で、無政府主義者クロポトキンの研究をして、軍国主義者に東大を逐われて、ドイツに留学して、第一次世界大戦後のドイツのワイマール憲法ができるころにドイツで勉強していたわけです。このひとは、戦後は広島大学の総長にまでなったひとですが。このひとなどが、すごくこの小委員会で二十五条をつくれと、入れろというんです。ワイマール憲法が――あれは第一次世界大戦ののち、ドイツで革命が起こって、ビスマルク憲法という帝政を打倒してですね、民主主義的な生存権を保障するようなワイマール憲法というのをつくるんですが、それに影響を受けた条項が憲法のなかに入ります。

もうひとつの例としては、先ほども読んだんですが、草案要綱では「国民はすべてその保護にかかる児童をして初等教育を受けしむるの義務を負うものとし、その教育は無償たること」と。それが発表された改正草案ではそのまま変わらず「初等教育」だったんですが、「初等教育」というのは六年間だったわけです。これを、当時の中学校とは別系統の青年学校といって、子どもの年齢がちょっと上だったり、中等学校に入れなかったり――経済的にも、能力的にもいろいろ要因があって――する子を教育する学校ですが、その別系統の青年学校の教員たちが運動して、議会に圧力をかけて、六年じゃあ短いと、中学校まで義務教育をやるべきだというんで、この日本国憲法二十六条二項になったわけです。「すべて国民は、法律の定めるところにより、その保護する子女に普通教育を受けさせる義務を負ふ。義務教育は、これを無償とする。」というふうに、議会の審議のなかで、良い条項といいますかね、憲法の精神に合った条項ができたわけです。

日本国憲法九条の論争のタネ

そして三つめの例としては、日本国憲法の九条がどうしていまの状態になったかというと、「日本国民は、正義と秩序を基調とする国際平和を誠実に希求し、国権の発動たる戦争と、武力による威嚇又は武力の行使は、国際紛争を解決する手段としては、永久にこれを放棄する」、「前項の目的を達するため、陸海空軍その他の戦力は、これを保持しない。国の交戦権は、これを認めない」というふうになっているんですが、これも社会党の議員が九条の前文としてね、戦争放棄は日本人がみずから積極的に宣言してアジアのひとたちに範を示すんだと、アジアのひとたちに迷惑をかけたんで、日本人はそれを反省して戦争放棄をやるんだということをはっきりさせるべきだということで、この小委員会で議論しあうわけです。芦田均委員長はそれをまとめて、その前文として、「日本国民は正義と秩序を基調とする国際平和を誠実に希求し」を挿入して、つづけて「陸海空軍その他の戦力を保持せず、国の交戦権を否認することを声明する」というふうにしたらどうかということになったんですが、結局は全員で一項と二項のあいだに「前項の目的を達するため」というふうに入れようということになったんです。それが九条の論争のタネをまいたことになるわけです。「前項の目的を達するため」の「前項の目的」というのは、「国際平和を誠実に希求」ということを指しているのか。そうだとすると、これは自衛権までも放棄していると、自衛のための「陸海空軍その他の戦力」ももたない、交戦権もないということになるんですが、国際紛争を解決する手段としての目的だというんだったら、自衛権による再軍備はできるという論拠になるわけで、「前項の目的を達するため」というのを条文においた結果、非常に九条が曖昧になった。

自衛権——自衛権というのは、個人でいえば正当防衛といっしょで、自然権として、国家というのは自衛権はもつわけです。その自衛のための戦争もしない、自衛のための戦力ももたない、自衛のための交戦権も認めない、かどうかという問題。いまの安倍政権はめちゃくちゃで、自衛のためどころか、他衛——ほかの国を守る——ためにもね、自衛権＝集団的自衛権というのがあるんだと、いままでの歴代のすべての内閣も、憲法学界もすべて、集団的自衛権についてはいっさい九条があるから認められないと、これは動かしがたい結論であったわけです。問題は、自衛のためはどうなのかという問題であって、他衛のための、アメリカといっしょに世界じゅう、どこへもいつでも駆けつけていっしょに戦争するなんぞというのは、九条に明白に反する。安倍は憲法九条を壊している。国事犯ですよ。憲法クーデター。これを日本人が許しているわけですよ。

現状はそうなんですが、話をもとに戻して、改正草案が発表されるとさっそく、さすがに極東委員会の中国政府のほうでは、炯眼というか、ちゃんとした眼をもっていて、この修正案では自衛の名のもとで日本が再軍備する危険があると。つまり、芦田が最初言っていたとおりに読むんじゃなくて、国際紛争を解決する手段としての、その目的のための陸海空軍はもたない、交戦権はもたないというふうに読むのか、あるいはそうではないのかというんで。この条項が入ることによって、危ないと。そしてイギリスの代表も、たしかにこれは曖昧さが残るんだと。オーストラリアはとくに、四万人も日本人に、日本軍に殺されてますからね、オーストラリアは天皇を処刑しろ、裁判にかけろということをずっと言っていたところです。オーストラリアは、占領軍が撤退すれば、日本は憲法改正して軍隊を保有し、武官＝軍人が国務大臣となる可能性があると。ソ連は、日本国民はふたたび世界を欺く恐れがあり、大臣の資格はシビリアンに限るべきだということで、極東委員会がこの修正に文句をつけてくるわけです。

それで、それじゃあ文民条項を入れようということで、GHQが吉田総理大臣に迫るんですが、政府は結局、「内閣総理大臣その他の国務大臣は武官の経歴を有しないものでなければならない」との政府案を貴族院に提出するわけですね。修正案として出すんですが、当時の日本語に「シビリアン」というのはどう訳していいか、わからないわけですね。いろいろな案が出たと、「文臣」、「文知人」、「叡人」、「文人」――「文人墨客」の「文人」――。画のひとつでも描くひとでないと「文人」というのは変ではないかということになって、それじゃあ「人」を「民」にして「文民」にしたらどうか、ということになって、いまの憲法の六十六条の「内閣総理大臣その他の国務大臣は、文民でなければならない」という条文ができたわけですね。

ところが、いま中谷防衛相という人は、自衛隊出身ですよね。自衛隊が「軍隊」であるか否かは別にして、この憲法の精神からいうと、自衛隊の出身者が国務大臣になるというのは御法度なはずですよね。ところが安倍内閣はそんなのおかまいなしでしょ。あのひとが防衛相になって、シビリアン・コントロールをゆがめて、武官と文官と、同じ権利にしようといろいろやっているわけでしょ。この憲法の精神、当初の精神には反するわけですよね。

世界と日本の知恵を結集した日本国憲法

こういうふうにして、世界の――アメリカの独立宣言だの、フランスの人権宣言だの――いろいろなヨーロッパの到達した知恵、人類の知恵もぜんぶ総動員して、日本の自由民権運動、民間草案、これもぜんぶ入れ込んで、それをマッカーサーがやむなくつくって、それを検討するためにあの封建的な明治時代の選挙法を改正して、婦人議員が三十九名も当選して、そのひとたちが一生懸命草案を三ヵ月余にわたって検討して、自在に修正して新たな条項も加えた。そして日本国民が、本当に望んでいた憲法をつくりあげたわけです。そしてそのときの日本人は、これを非常に好意的に受け取って、どこそこの祭りで新憲法ができたお祝いとかいうのをやったわけです、あちこちで。そして政府自身が憲法普及会というのをつくってね、二〇〇〇万の各家族に「新しい憲法　明るい生活」という冊子をつくって、配布したんですよ。とくにこの憲法九条というのは、東アジアばかりでなく、民衆の共有財産であるし、国際的な性質をもっている。人類が向かうべき方向を示している、本当に素晴らしい憲法であるわけです。

この憲法が押しつけられたものだということで、いま自民党が辺野古に基地をつくり、そして最終的に憲法九条を改悪してアメリカといっしょに戦争する国をめざし、戦前に戻ろうとしている。その理屈のひとつが、憲法はＧＨＱに押しつけられたものだという、「押しつけ憲法」論なんです。

どうして「押しつけ憲法」論が出てきたか。あの松本委員会の松本烝治が、一九五四年の七月の自由党の憲法調査会の講演で、四六年二月十三日に草案を手交されたときにホイットニー民政局長がＧＨＱ案を受け入れなければ天皇の身体の保障はできないと、これを受け入れなさいというふうに迫ったと、だからこれは押しつけなんだと発言した。ここから「押しつけ憲法」論は発しているわけです。

当時、手交するときに民政局長は「ＧＨＱは日本側に押しつける考えはないが、これは天皇擁護のためであり、日本民衆の要望にも合致したものだと、もしあなたたちがそれを受け入れなければ、これを公表して、国民投票にかけることもありうる」ということを、ＧＨＱ案を外務大臣の官邸で松本と吉田茂外務大臣、それと白洲次郎という通訳なんかやったひとに渡すときに伝えたが、そこにいたひとたちがみんな、いやそんなことはなかったと言っているんですね。押しつけはなかったと言っているわけです。吉田茂自身も、彼の書いた本を見てみると、『回想十年』のなかにこんなことを言っています、「ＧＨＱ側は憲法の制定をかなり積極的に急ぎたて、内容にかんする注文はあったが、その後の交渉経過中、徹頭徹尾、強圧的もしくは強制的ということはなかった。わがほうの専門家、担当官の意見に十分耳を傾け、わがほうの言い分、主張を聴従した場合も少なくなかった」と言っているわけです。

それであるにもかかわらず、いまの安倍自民党——そのまえからですね、民主党と自由党が合併する一九五五年体制ができたときから、あの政党は憲法を改正するということを党の綱領にずっと掲げていたんです。だから改憲の問題はいまにはじまったことじゃないんですが、とくにいままでの内閣は、そういう綱領はあったんですが、昭和三十年の二月の総選挙ではですね、自由党の憲法調査会が日本国憲法改正要綱というのを発表して、全面改正を打ち出したんで、それが争点になって選挙がおこなわれるんですが、結局三分の二にはいかずに、三分の一の護憲派がずっと取っていた。あるていど諦めがあったんでしょうが、改憲に対する国民の抵抗というのが強いということを総選挙を通じて認識して、憲法の三原則をずっと守るということを言ってきたわけです。それを安倍という一派が、オトモダチを政府機関に就けて、自分の主義に合うような改造をしようと、つまりいまの戦後の日本のありかたをぜんぶひっくり返す、歴史観をぜんぶ変えようというね。その動き——このカトリック中央協議会の七十年の司教団メッセージにいう「日本がおこなった植民地支配や侵略戦争のなかでの人道に反する罪の歴史を書き換え、否定しようとする」その動き——が、いま安倍一派がやろうとしていることなんです。

安倍晋三の無知蒙昧

　そしてひどいもんですよ、安倍というのは。五月二十日の国会討論を見たひとはいらっしゃいますかね、党首討論。あのなかで、共産党の志位委員長がポツダム宣言にもとづいて質問したら、「つまびらかにはポツダム宣言は読んでいません」と。たいへんな話でしょ。戦後レジームを云々するひとが、しかも国の代表者が、ポツダム宣言を読んでいない。これは一大事ですよ。だからぼくは、すぐ翌日、辺野古のゲート前でそのことについての演説（本書二〇一ページ）やりましたよ。これはまったく無知蒙昧、基本的な知識ももっていない。ひどい話だと、外国から見たら。それをぼくがしゃべった翌日の「朝日新聞」の「天声人語」でも、ぼくがしゃべったのと同じことが書いてありますよ。

　憲法制定過程と戦後史、これについても安倍はまったく無知蒙昧。知らんふりしているのか、わざとなのか、それはわかりませんがね。そのような「押しつけ憲法」論者、何が問題かというと、一番目に天皇制を守るということ。国体の護持以外の思想をもちえなかった当時の日本の支配層――松本委員会はじめ日本政府――が、敗戦とポツダム宣言の国際的な、歴史的な意味を理解できなかった。そのゆえに日本政府みずからの手による明治憲法の民主的改正、解体を望んだGHQに、日本人では新しい憲法はつくれないと判断されて、GHQ草案を手交されるはめになった。そういう事態をみずから招いたのだ。日本の支配層が本気で日本の民主化を求めていたならば、押しつけの意識は生じなかったはずである。押しつけ論は、天皇主権の明治憲法にノスタルジー＝郷愁をもつ、旧支配層のイデオロギーにすぎない。一般国民とは無縁であると思います。

そしてＧＨＱ草案というのは、自由主義的思想をもつ気鋭の法律家、専門家集団二十五名のＧＨＱ民政局スタッフが世界のすぐれた憲法や人権宣言のみならず、明治期の自由民権運動につらなる民間草案を調査、研究し、組織的分業体制で起草したものであって、短期間で完成したことはなんら非とするに足らない。安倍晋三は、八日間でＧＨＱ草案はできたからダメなんだと言ってるわけです。彼が戻ろうとしている明治憲法、あれは伊藤博文と井上毅、金子堅太郎、伊藤巳代治らがドイツ人の顧問学者ロエスラーの助けも借りて、四名で神奈川県夏島の伊藤の別荘に入ってつくりあげた。あれこそ押しつけでしょ、日本国民にとって。押しつけ憲法とは大日本帝国憲法そのものであるわけですよ。

そしてＧＨＱ自体ですね、さっきも言ったように、ＧＨＱを監督する、管理する極東委員会を舞台にした国際社会の管理のもとで、制限されたなかで改正作業をやったにすぎないんで。マッカーサーがオールマイティでやったわけじゃないわけです。だから押しつけなんてことは出てこないわけです。

自由獲得の努力の成果としての日本国憲法とその後の世界情勢

この憲法は、本当に人類の多年にわたる自由獲得の努力の成果であると、この憲法で自負しているわけですね。まったくその通りであるわけです。しかもそういう草案を、はじめての男女平等普通選挙で選ばれた議員で構成された帝国議会で約四ヵ月の憲法審議で、さっきも言ったように憲法担当の金森大臣が一三六五回も質疑応答して、答弁やって、自由に討議して、自発的に条項をつくったり修正したりして。明治時代の絶対天皇制下のあの治安維持法のもとで勝手に引っ張っていって、自白させて、小林多喜二のようなひとたちはいっぱい殺された。そういう暗い時代を経験した国民は、草案の発表時から好意的に受け取っていた。新憲法成立を歓迎し、きょうまで支持してきた。だからいまの憲法は、もう日本社会においては空気のようなもの、自然のものになっているというふうに、定着しているわけです。

こういう理想的な憲法を与えたマッカーサーでしたが、世界情勢はぐるりと変わるわけですね。一九五〇年の六月二十五日に北朝鮮軍と南朝鮮軍が衝突して、朝鮮戦争が勃発すると、アメリカは対日初期の占領政策を変えて、日本も再軍備させようというんで、警察予備隊から発展させて自衛隊をつくっちゃうわけですね。そしてそれがつまり逆コースなんですが、これに乗じて保守政権が憲法改正に乗り出しても、選挙しても、社会党はじめ護憲政党が三分の一を確実にずっと取っていたもんだから、保守政党は憲法改悪というのを半分諦めていたわけですよ。

護憲運動はそのかぎりで役目を果たしていたんですが、このまえの衆議院議員選挙は、安倍が突然、消費増税一〇%を延期するということを口実にしておこなわれた。選挙法――小選挙区というのは、野党票はみんな死んじゃう、死票になる。第一党だけが当選するわけで、自民党票は四〇%にも満たない。総選挙権者の四八、九%は棄権するわけで、結局、選挙権者の一六から一八%の得票で――野党が分裂したせいもありますし、漁夫の利を得て――議席数は公明党も含めて、衆議院で三分の二を取っているわけです、総議員のね。来年の参議院選挙でも、選挙法は改正しない、選挙区割も改正しない、まだ野党が分裂している、ということになると、参議院でも三分の二を取っちゃうと、選挙は来年六月ですが、国会における総議員の三分の二以上で憲法改正を発議して、国民投票にかけて、国民投票の過半数で憲法改悪ができるということになっているわけです。

いま特定秘密保護法とか集団的自衛権容認にもとづいて、戦争法ですね、明らかに、それを「平和ナントカカントカ」とか言って、いま十一本の法律――明らかに九条に反する法律――を、審議をはじめようとしているわけですが、憲法九条のもとでの専守防衛、これを転換させて自衛隊がアメリカの傭兵になるという戦争国家へ、もう暴走しようとしてるわけです。

こういう政権を長らえさせる日本というのは、沖縄のこのまえの県民大会で翁長知事が「ウチナーンチュ、ウセェーテーナイビランドーサイ」(「沖縄人をバカにしてはならない」意の沖縄語)と雄叫びをあげたように、われわれが逆に安倍をウセッティ(「バカにして」の意の沖縄語)、しかもぶっつぶさないといけない。いま「オール沖縄」というんで、保守も革新もいっしょになって辺野古の基地建設を止めようとしているわけですが、これは安倍政権を打倒するひとつの闘いでもあるわけです。もし辺野古基地移設が頓挫すれば、自民党内から反安倍の動きが出てくると思います。むかしの自民党は、三木派が左にいて、右に田中とかあんな連中がいて、なにかあると派閥のチェック&バランスで、あるていど一定の民主的方向に向かっている面があったんです。いまは安倍のグループだけが自民党を乗っ取っているわけです。選挙法の一票の価値の不平等や選挙区の区割りの問題、それにもとづいた欠陥を利用して国家権力自体も盗み取っているんですよ、結局は。多数の日本人は安倍に反対なんですよ。反対なのに、欠陥選挙制度の下、選挙で勝った。しかも選挙のときはアベノミクスに対する審判といいながら、いまの時点になってね、この期に及んで、「集団的自衛権も認められた」と、選挙によって。こんなこと言うでしょ。これは人間なのか思いますね。嘘をついて、平気でしょ。いまは沖縄にとっては、非常に重要な局面です。この時代に何をするか、ただ茫然とメシ食って、寝て、テレビのバカ番組を見て、なにも考えない人間はね、子孫に対する責任、果たしたことにはなりませんよ。

そういうことで「押しつけ憲法」論の真実というのはそういうものです。ありがとうございました。

＊

［質疑応答より］

（憲法九十九条の遵守義務について）

憲法九十九条で、日本国憲法を遵守する義務についてですが、自民党の改正案では「日本国民はこの憲法を尊重しなければならない」ということを言って、天皇と摂政は憲法を遵守する義務から除いていているわけです。いまの憲法は逆に日本国民を除いていているわけですね。国民が権力に命令するのが憲法なんだから、憲法を遵守する義務は、天皇、摂政、国務大臣、国会議員、裁判官、その他の公務員はこの憲法を遵守する義務があるというのを、自民党の憲法改正草案は、天皇を元首とするというんで、天皇をこの憲法遵守義務者から除いているわけですね。だからまったく転倒しているわけです。

あとは遵守義務違反を訴えられないかという質問ですが、裁判には「事件性の原則」というのがありまして、たとえば自衛隊法を改正して海外に自衛隊を外国と戦争するために派遣するという場合に、自衛隊員がこの改正した自衛隊法は違憲だからわたしは行きませんと出兵を拒否する場合、懲戒されるわけです。その懲戒を争うというときに、はじめて「事件性」が生じ、事件性をみたして裁判に訴えることができるわけですね。だからたんに違憲だからと言って裁判所に持ち出しても、これは却下になるんですよ。むかし、社会党の委員長が、警察予備隊は憲法違反と主張して直接、最高裁に訴えたら、抽象的憲法訴訟はダメ、つまり事件性がないとして却下されたんですよ。だから事件性がなければ訴えるのむずかしいんですよ。なにか事件になって、たとえば訴訟でもいいし、おまえがそういうことをやったから精神的な損害を被ったというんで慰謝料を払えという訴えでもいいわけですよ。あらゆる手を使って憲法についてひとびとを覚醒させて、関心をもたせて、いろいろなひとがいまの憲法がどんなにいい憲法かということを認識させて、一般の有権者がいまの政治はおかしいんじゃないかという認識を高めないと、日本の有権者のいまの沖縄にたいする無知・無関心があるかぎり、沖縄じゅうが頑張るしかないんですよね、沖縄から発信して。本土の向こうにもすばらしいひとたちがいっぱいいるが、そう多くはないというのが問題で、辺野古基金の七〇パーセントは向こうの方からきているわけですよね。だから望みを捨ててはいけないと思います。

＊

（沖縄独立学会についてのコメント）

わたしは復帰前後は「反復帰論」というんですね、独立論とはちょっとちがう自立論と言うんですが、自立構想研究会でやったり、ぼくの本にも載せてあるんですが、琉球共和国憲法私案（仲宗根勇『沖縄差別と闘う――悠久の自立を求めて』七四頁以下に再録）とかも作ったりしているんですがね。いまの若い学者たちの研究中心の、しかも沖縄の血をもたない人間はこの運動には入れないというような、ちょっと排外主義的な匂いがして、ちょっと距離を置いているんです。

新川明さんなんかはぼくの琉球共和国憲法私案をよく研究しなければいけない、なんてあちこちで書かれていますが、日本国憲法が沖縄と無関係なところで発想されたというのは、じつはさきほど言い忘れたことがあるんですが、マッカーサーがマニラから厚木に行く途中で読谷飛行場に下りて、沖縄の状況を見ているとちょっと言いましたが、マッカーサーは日本本土には基地はおかずに、沖縄におけば日本の再軍備とか防衛はオーケーだから九条で十分だ、と。だから九条ができたのと、沖縄の軍事基地とは関連しているんですよ。だからマッカーサーがそれをはっきり言っている文献が出ています。

したがってマッカーサー占領時代から沖縄はすでにご質問のとおりカヤの外だったわけですね。日本復帰自体が、施政権は返すが、軍事的な一体化は従前通り、と。だから軍事基地の状態はそのままで、施政権だけ返って実際の軍事権力はそのままでしょ。むしろ米軍統治時代よりもいま沖縄人はワジワジ（「怒っている」意の沖縄語）しているわけでしょ。米軍統治時代はそれなりにワジていたんですがね、あのひとたちは異民族だから、どうせ理解できないだろうという面があるんですよ。復帰後の日本の、とくに安倍自民党は、民主党もそうですが、沖縄のひとを日本人として見ているのか、ということでワジワジしているわけですよね。

いまの若いひとたちは芸能だのなんだのでむこうのほうが「あこがれ沖縄論」みたいなのがあって、ウチナーはいいね、というような感じのひとも多いんでしょうが、本当のいまの有権者の大多数は要するに、なんでも沖縄に押しつけておけばいいという発想だと思うんですが、しかし、だんだん翁長さんの一連の発言、雄叫び、記者クラブでの胸のすくようなやりこめ、質疑応答。

これでだんだん日本の国民も、ウチナーンチュ、ウセーテェーナランサーヤ（「沖縄人をバカにしていけないな」の意の沖縄語）と思いはじめていると思いますよ。

＊

（行政行為の瑕疵についての裁判闘争になると）

裁判所は大丈夫かと言うと、裁判官がほんとに憲法と法律、それに裁判官としての良心にもとづいて真摯に裁判するひとと、ヒラメ裁判官と言って（笑い）上を見て泳ぐばかり、最高裁判所からいい点数を取ろうとしている人間がいて、ヒラメがほとんどですよ。わたしなんかは少数派のなかの少数派でしたね。

だからできれば県としても裁判には持ち込まずに、行政的な和解をして、たとえば工事は十何年間そのまま棚上げ。仲井眞の埋立て承認には触れないというふうに、いろいろ話はできるわけですよ。そういうふうにやったほうがいいわけで、裁判になったらそのことを前提にして安倍官邸は暴力を使ってでも土砂の運び込みをやろうとしているわけですよ。いまは調査の段階だから前知事の埋立て承認の行政行為の瑕疵は治癒される懼れはない。土砂を運び込むような段階になったらどうなるかと言うと、このまえ翁長さんは東京での外国特派員協会でしたか日本記者クラブかどちらかで、あらゆる手法を使ってやめさせると言っているが、強行されたら具体的にはどうするのかと聞かれたら、かれはこう言っていましたよ。法的にもやるが、土砂を運び込むのは、十トンダンプが一日何千台、それを何年もかけてやらないといけない。いまは辺野古のゲート前には百人規模しか集まらないが、そうなると千名規模で集まる、と。ということは実力行使をやるということですよ。知事はそこまで考えているわけですよね。

辺野古新基地と戦争法案

二〇一五年七月八日

みなさん、こんばんは。台風九号、十号、十一号、三つそろって来るというのはかなり久しぶりのようですね。この台風が来れば、辺野古の作業は、あの浮いたフロートは流されるし、ボーリング調査をする台船は撤去することになる。これはわれわれのウヤファーフジ（「ご先祖」の意の沖縄語）が吹かせた神風じゃないか。（拍手）

考えてみたら、この時期に碇石があの湾で見つかると――碇石というのは、船が流れないように普通は鉄製のもので投げるものですが、琉球王府時代の船は石であったわけですね。その碇石が見つかったということで、文化財調査でちゃんと調査をやらないといけないということになると、工事には障害になるわけですね。

そのうえに、さきほどの自民党のバカどもが学習会と称して、放送作家の端くれを大先生として呼んで、やったあの百田発言。あれが、わが沖縄にとっては、プラスの風がまた吹いたわけですよ。

普天間「移設」から辺野古へ

さきほど、照屋先生のほうから、戦争法案の総論についてお話がありましたが、わたしは各論をじっくりと話したいと思うんですが、そのまえに、辺野古新基地が、普天間移設が――政府が言う「移設」ですが――どのような経緯で問題が生じたのか、この新基地問題を時の流れにしたがって、時系列で振り返ってみてですね、それでこの問題にぼくがどうして関わるようになったのかということから話をはじめたいと思います。

まず一九九五年九月に、例の米兵三名の少女暴行事件がありました。これに対して、県民の怒りが沸騰して、八万五〇〇〇名の県民総決起大会。大田知事も出て、子供を守れなかったと詫びて。そういう沖縄の怒りのマグマに、沖縄全体の米軍基地の存続が危ういと危機意識をもった日米両政府が、当時の橋本龍太郎首相とモンデール駐日大使の会談で、日米両政府が普天間返還合意というのをするわけですよね。そのころに「沖縄に関する特別行動委員会」というのが設置されて、怒りを鎮めるために基地を減らすということを発表しだすわけです。これが九六年四月ですが、九七年十二月には名護の住民投票がありましたね。過半数が移設受け入れ反対だったのに、時の市長が受け入れを表明した。北部の振興について、総理大臣からいい話があったというんでね、寝返る、というか民意に反する首長が裏切るわけです。これはずっと沖縄の歴史にあるもので、仲井眞にまで続いているわけでしょう、そういうのが。当時の名護市長は受け入れ表明して辞任しちゃうわけですね。その後任の名護市長選挙が翌九八年二月におこなわれるんですが、今度は受け入れ賛成派の岸本建男さんが当選してしまう。同じ年の十一月には県知事選挙があって、県外移設を主張していた現職の大田知事が「革新不況」とかいうデマを流されて、経済振興が重要なんだという稲嶺惠一氏に敗れたわけです。稲嶺さんは「条件付き」、つまり十五年で軍民共用を条件にして県内移設を受け入れたわけです。そして内閣が、一九九九年十二月に辺野古へ移設するという閣議決定をおこなうわけです。いまのV字型の滑走路案（巻頭地図参照）というのは、どこから出てきた案なのか、いつのまにかそれになっちゃったというのが二〇〇六年ごろですね。

その後は、動きはあまりなかったわけですが、二〇一三年三月には安倍内閣が埋立て申請をやるわけです。二〇一三年四月二十八日は、あのサンフランシスコ講和条約によって沖縄が軍事基地にされる、売り飛ばされるというのを祝うという、嗤うべき安倍内閣がお祝いをするわけですね。同じ二〇一三年の十二月の末には、例の国家安全保障会議設置法、特定秘密保護法を成立させるわけです。その同じ十二月の末に、あの例の裏切り者、仲井眞カズ……名前も言いたくないんですが、埋立てを承認した。その前の段階として、石破幹事長が自民党の五名の沖縄県出の国会議員を恫喝して、前に置いて、勝ち誇ったように「あらゆる選択肢を拒否しない」と、つまり県内移設を認めるというね。県外を標榜して当選した自民党の議員たちがぜんぶひっくり返る。そのあと、自民党県連もひっくり返る。その次にくるのが県知事の、あの「いい正月が迎えられる」発言の直後に、十二月二十七日、御用納めの前の日に、承認をするわけです。そして翌年の七月の一日に、内閣が憲法解釈を変更して、いままで歴代内閣がぜんぶ否定した集団的自衛権を容認した——九条のもとでは認められないと内閣法制局も一貫している、認めるという憲法学者もいない。そういうところで、オトモダチでつくった安保法制懇という、ディキラヌー（「出来の悪い」の意の沖縄語）の学者一人二人入れて、それを錦の御旗にして閣議決定したわけです。このまえ国会で、合憲論をとっている学者はたくさんいると官房長官が記者会見で言ったもんだから、民主党の辻元清美が「たくさんいるとおっしゃるが、たくさん挙げてください」と言ったら、三名いると。安保法制懇という、私的な会合のものを錦の御旗にして解釈改憲を決定したわけですね。いかにバカバカしいかというのがわかるわけです。

辺野古ゲート前抗議活動の開始

そのころからですね、七月の七日から基地反対協がゲート前で監視と抗議活動をはじめるわけです。浜の下のほうではオジー、オバーたちが十七、八年前から座り込んでいたわけですが、ゲート前で監視、抗議活動をはじめたのは七月の七日——昨日、一年目でしたね。そして同じ年八月十八日から海底ボーリング調査がはじまるわけです。そのときから海保の暴力ははじまっていて、八月二十九日には船長に対して暴力をふるって、頸椎捻挫を負わせたので、特別公務員暴行陵虐罪で告訴する事態になっているわけです。そして十一月二日には、向こうでいつもがんばっておられる八十五歳の島袋のおばあちゃん、文子さんが頭を打って病院に搬送されるというような事態で、海上でも陸上でも暴力はひどくなっていったわけです。そのゲート前と海上の闘いですね、はじめのころはそんなにひとはいなかったんですが、だんだん道路のそばにビニールテントが長くなっていきます。テント村ができるわけです。

われわれうるま具志川九条の会は、二〇一四年七月五日にバスを借り切って、四〇名でゲート前と高江に行きました。それでこれは、このままじゃ辺野古は大変だというんで、八月十六日からはゲート前にですね、現在は週二回、二回のうち一回は九条の会の自家用の車で早朝行って、七時前から工事車両を阻止するという行動をやっています。あと一回は、島ぐるみ会議の貸し切りバスで行っております。

わたしの闘い

本来わたしは定年後はのんびりして、わたしの家の二階は万巻の書がありますからね、午前中は本を読んで、午後は祖先が残したハルグヮー（「小さな畑」の意の沖縄語）の雑草を抜くということで、祖先に対して親孝行しようと思って、午後遅くから畑に毎日のように出ていたわけです。五十年間ずっと憲法をもとにして仕事をして、勉強をしてですね、あまりにもこの憲法改悪の話が早すぎて。だいたい、一九五五年に保守合同——自由党と民主党が合同——したときから、改憲のプログラム＝綱領を保守側はずっと載っけていたんです。しかし、社会党、共産党を中心とする護憲勢力が三分の一をずっと取りつづけていたものだから、半分諦めていたんですね。ところが、この安倍内閣になって、急遽、改悪の話が進んでいった——これは大変なことになるというんで、わたしは去年の二月に九条の会のすばらしい仲間たちと出会って、自分だけでも九条の会を起ち上げようと思っていたときに、このひとたちに支えられて具志川九条の会というのを起ち上げて、いまやっているわけです。この九条の会の旗は、黄色の地にブルーの字で、あらゆる闘いの場で、高々とはためいています。

そして去年の十一月の選挙が近づきました。この選挙の重要性と憲法が危ないと安倍内閣の危険性を訴えるという意味でなにかしないといけないと思ったときに、那覇で、大田元知事とわたしと「琉球新報」の元編集局長、「沖縄タイムス」の編集局長、四名がコメンテーターになった、ある本（仲里効・川満信一編『琉球共和社会憲法の潜勢力——群島・アジア・越境の思想』）についてのシンポジウムがあったんです。そこでわたしの話を聴いていた未來社の社長が二次会までぼくを追っかけてきて、必ず本を書いてくれと言うんで、知事選に向けて『沖縄差別と闘う——悠久の自立を求めて』という、いま照屋先生のほうからご紹介がありました本を出版しました。そうするとすぐ「タイムス」がインタヴューして本の紹介とわたしがいま考えていることについて、文化欄でデカデカと載っけていただいて。それを追っかけるように「琉球新報」もまた、もっと大きい記事を載せていただきました。RBCのラジオにもはじめて出てですね、宣伝もさせられました。そしてジュンク堂という——きょうも見えていますが——書店で、あの反復帰論で有名な新川明さんとわたしがその本についてのトークショーもやりました。きょう、資料としてみなさんがお持ちになっている「朝日新聞」も、わたしの本を読んで、ぜひ「耕論」で登場してもらいたいというんで、わたしの本を片手に飛行場からわたしの赤道の自宅まで直行して来て、インタヴューを受けたわけです。

そういう次第で、この闘いに、いま本当に、だいたい三日に一回の割合で参加していますが、向こうに行くと、隠れていても司会者から「九条の会の仲宗根さん、ご挨拶お願いします」と言われてですね、憲法にかかわる話をずっと——いままで四〇回、五〇回くらい——やっていて。ぼくらがゲート前に行くのと行き違いでゲート前から帰るひとがいて、「あ、仲宗根さん、これから行くんですか、じゃあ引き返して話を聴きたいですね」とかね。わたしの話を聴くのが楽しみでゲート前に来るひともいるということを間接的に聞いたりしているわけです。

「辺野古総合大学」の新しい民衆運動

ゲート前については、誰が言ったか知らないんですが、いつのまにか「辺野古総合大学」というふうに言われるようになったわけです。その「辺野古総合大学」について、早朝の行動からご夫婦でよくいらっしゃるこちらのうるま市の新崎盛英さんが新聞に、「辺野古総合大学大浦湾校」という文章を書いてあります。ちょっとこれを読ませてください。本人の了解はとっています。

「辺野古総合大学には二つのキャンパスがある。ゲート前キャンパスと大浦湾キャンパスのこの二つ。ゲート前キャンパスでは、元裁判官の法学部教授や僧侶の宗教哲学科教授をはじめとする多彩な講師陣の講義と、全国各地から駆けつける音楽家の非常勤講師たちによるすてきな唄や演奏がすべて無料で聴ける。」（拍手）これは向こうに一回でも行かれたひとはご存知だと思いますが、行ったことがないひとは、ほんとにホントかなと思いますが、本当なんですよ！　サンシン、唄、踊り、ぼくみたいな演説！　外国の学者、日本のジャーナリスト、作家、有名人、いろいろな団体がやってくると、必ずそこでみんな挨拶するんですよ。そこには上下とか規則とか順番とか、そんなのまったくない。いるあいだになにもなくて、みんなあーっとぼかーっとぼけーっと退屈しているときはないんです。このひとが終わるとギターを持ったひとが出てくる、やり終わるころにはどこかの集団が来て、またそこの代表者がしゃべる。一分一秒の間隔もないんですよ。それほどこの闘いは新しい民衆運動をつくりあげていると、ぼくがあそこではじめて言ったんですよ。その後、新聞なんかではそういうふうに書いているのがありますが、このゲート前から本当の連帯、人間と人間の信頼感が生まれている、いままでなにも関係なかったひとが——本当にね、人間というのはいいもんだなと、信用できるなと。むかし付き合いがあったひとがね、四十年、五十年ぶりで向こうのほうで会ったりもするし、新しいひとの出会いもある。そういうしなやかな闘いがあればこそ、辺野古の闘いは続いているわけです。

そういう辺野古の闘いの一端を、映像と音声でお聞かせしたいと思います。これは四月四日のものですが、わたしの前原高校の後輩である山城博治の声が最初と最後に出ます。最初の声は、注釈いたしますと、その前の前の日に船長がゲート前で逮捕されて、名護署に留置されて、那覇へ拘留請求があって、そのときにうるま市の島ぐるみ会議も名護署前に抗議に行ったわけです。そこでわたしが頼まれて、この拘留は拘留の要件がいっさいない、逃亡の恐れもない、住居不定でもない、罪状の隠滅の恐れもない、わたしの現役時代はこういうのはみんな却下したと言った。居並ぶ機動隊と名護署のエライ人間たちがウロウロしているところで、脅すようにわたしが言いました。（拍手）そしたら、一時間後には拘留却下、釈放。（拍手）このことを、いまから聞く山城博治は言っているわけです。じゃあちょっと聞いてください。

（四月四日の演説が入る。本書一五一ページ参照。前後に山城博治さんの声）

どうでした、みなさん？（拍手）

翁長県知事、一〇万票の差であのバカ知事を蹴っ飛ばしましたね。しかし、嫌がらせで政府との面会四ヵ月もできなかった。だのに、四月の五日は——さっきの画面の翌日ですがね——、官房長官と会談いたしました。四月十七日は総理大臣と、中谷防衛相はアメリカで密約してこっちに戻ってきた五月の九日に会談しました。あの会談、みなさんどう思いますか。本当にね、官房長官とかなんとかは、永田町とか霞ヶ関とかああいう東京ではエラそうな顔ができても、沖縄に来たら目元も定まらない。言ってることは同じこと、「唯一の選択肢は辺野古である」、これしか言語がないんですよ。それにひきかえ、わが翁長知事の威風堂々たる、決然たる、圧倒的な姿、言論、あれが全国民に広がったわけですよ。「ウチナーンチュ、ウシェーテーナランサー」（「沖縄人をバカにしてはいけないなあ」の意の沖縄語）と思ったはずですよ。官邸のいじめにめげずに、東京の記者クラブで会見をやったりしました。そこでも原稿を持たずに、堂々と弁論をした。翁長さんは、ぼくはあのときからただ者ではないと思うようになりました。

二月の十日に、ほかの九条の会といっしょに翁長さんのところに政治的決断を早くやれという申し入れをしに県庁に行ったときに、そこで応対した係官を通じて、わたしの本（『沖縄差別と闘う——悠久の自立を求めて』）を差しあげました、県知事に。その後の県知事の言動は、あ、これはぼくが本で言ったことじゃないの、と（笑い）。県民大会で、翁長知事は「ウチナーンチュ、ウシェティナイビランドーサイ」（「沖縄人をバカにしてはいけません」の意の沖縄語）と方言で最後に言いましたが、その一週間まえ、ゲート前でぼくが方言で「アベアビラサンケー」（「アベにしゃべらせるな」の意の沖縄語）と雄叫びをあげたのをですね、一週間後に実行してるわけです、県民大会で。

訪米の成果について、沖縄のマスコミと日本のマスコミの報道を比べると、日本の中央のメディアは成果がなかったごとき文章を書く新聞もありましたが、つまり沖縄の民意をただ伝えただけだみたいなことで、きょうの「沖縄タイムス」にもそのような主旨で「もっと積極的にやるべきことを言うべきではなかったのか。英文もしっかりしたものを」ということも載っていましたが、「初めチョロチョロ、中パッパ」ですよ。飯炊きと同じ。政治は一足跳びに実現するものではないわけです。われわれは、翁長さんを最後まで信ずる。（拍手）仲井眞の二の舞いになるんじゃないかということで、立候補の時点では、わたしは本にも書きましたし、少し不安はあったんですが、ぜんぜんわたしの予想に反してですね、ブレてない！（拍手）われわれは最後まで、われわれが県知事と一体となって、がんばるしかない！ ゲート前でわれわれががんばることが、翁長さんに政治的エネルギーを与えるんです！（拍手）

沖縄県の今後の闘い方

これからのことですが、第三者委員会が今月じゅうになにか報告するようですが、第三者委員会は一月二十六日にできて、二週間に一回ずつ、デレデレデレやって、そして行政上の瑕疵をいくら探しても、もし工事が進んじゃうと瑕疵は治癒されてしまう。病気が治るのといっしょです。行政行為の瑕疵の治癒の理論というのがあって、それで負けてしまうんですよ。行政行為の瑕疵というのは、三つの種類があるんですね。行政行為が法定要件に適合しないという場合、これは違法な行政行為というんですが、それに二種類あって、無効の行政行為——これも重大なかつ明白な瑕疵ですね、法律上のなんらかの欠点のことをいうんですが、行政行為の効力がまったくなくてこれを無視できるという無効事由というのと、取り消すことのできる行政行為。第三者委員会がいまやろうとしているのは、この取り消しうべき行政行為を前提にして、違法ではあるが権限のある行政庁なり行政機関により取り消されるまでは有効なものだ、という場合ですね。第三者委員会はこれを中心に考えて、取り消し事由である瑕疵を一生懸命探そうとしているわけですね。しかしそのほかに三つめに、瑕疵があってもなくても行政行為が公益に反する場合については、新たな事情が発生したために行政行為の効力をなくしてしまう＝撤回することができる。これは根拠規定がなくてもできる。

「撤回」と「取り消し」の違いは、ハッキリしているわけです。「取り消し」というのは、取り消した時点から過去にさかのぼって、既往にさかのぼって無効になる。「撤回」というのは、撤回した時点から将来に向かって効力が出てしまう。だから「撤回」と「取り消し」というのは、概念が違うんですよね。

行政行為の瑕疵の治癒というのは、瑕疵のある行政行為であっても、その後の事実や行為によって瑕疵が実質的に是正されたと解されたり、軽微な瑕疵があるが手続きが進められた場合などには法的安定性、その他の公益的見地からその行為を有効なものとして扱うことを「行政行為の瑕疵の治癒」と言うわけです。安倍政府がなりふりかまわずに工事を強行しているその真のねらいは、前の知事の埋立て承認、この行政行為を翁長知事が取り消すまでのあいだにできるかぎり最大限に工事を推し進めて、裁判になった場合に、かりに前の知事の埋立て承認の行政行為が取り消しうるものとしても、大部分の工事がもう進んでいると、だから行政行為の瑕疵は治癒されたという抗弁が出せるわけです。

まずはじめは「いや瑕疵はありません」というのが政府の第一の主張であるわけですが、瑕疵があったにしても瑕疵は治癒された、というのが予備的抗弁なんです。だから土砂が海上に積み込まれた段階になると、検証委員会がいくらたくさんの取り消し事由を見つけてもですね、それは無意味になっちゃうわけです。工事進行をこれだけやっていますという立証は、国のほうが立証しないといけないことになっているわけですが、それで暴力を使って工事をやっているわけですね。

だから、第三者委員会がそういう事態を認識するのであれば、間延びした月に二回という開会、これは問題だ。審査体制も、県庁職員を分業と協業で総動員してやればもっと早くできる。取り消し事由の全論点を一挙に探し出す必要はないんです。裁判になった時点までにできていればいいわけですよね。ゲート前に結集する県民の危機意識は、第三者委員会の委員らも共有すべきだ。委員には権威が必要だが、知事の諮問機関であるんだから、知事が四月までに回答を得たいというのを、あの委員長は七月までと発言し、まず期間ありきでやっていたわけですよね。だから政治的な立場にある知事は督促指揮して、あまり細かな法律論議は工事を強行する安倍政府の沖縄差別と闘う県民の闘いの障害となる、場合によっては委員の差し替えもあってもいい、ということを書いたメモを県知事にあげてあります。

県議会、市町村議会の闘い

そういうことで、いま、レジュメの2のBまでいきました。つぎ「辺野古の闘い」の3ですね。県議会が昨日、委員会で土砂搬入の規制条例を制定して、十日には本会議で決議するようですが、わたしの考えでは、地方自治法では条例に二年以下の懲役または禁錮、一〇〇万円以下の罰金・科料の罰則が付けられるわけです。ところがこの条例には罰則がない。実効性がどうなのかという疑問があるわけです。条例がないよりはいいんでしょうが、「実効性 effective」があるのかどうなのか。安倍官邸は、その条例ができても粛々と工事を進めると言っているでしょ。改正もできますから、いったん条例を発布して罰則規定をのちに設けてもいいとは思います。そして反対決議も各市町村がやっていますね。そしていま現在、二十二の島ぐるみ会議ができているわけです。うるま市でも四月十九日に五〇〇名あまりが結集して島ぐるみ会議ができました。毎週木曜日には定期のバスを借り切ってゲート前に行っていますが、ほかの島ぐるみ会議は行き帰り一〇〇〇円の運賃のところを、わがうるま市は一〇〇〇円のところを五〇〇円。これは事務局はじめみなさまのご理解とご努力の賜物だと思います。（拍手）一〇〇〇円というと躊躇するひとがかなりいると思いますが、五〇〇円だったらまあいいんじゃないのということだと思います。通常のバスで行くと二〇〇〇円くらいかかりますのでね。

そして辺野古の闘いのなかのひとつですが、辺野古基金。これは七月一日時点で三億七五〇〇万円あまり集まりましたそうです。これは七割が本土のひとからだと。われわれは、ヤマトンチュの冷たい心をいつも言うんですが、ヤマトにはわれわれより熱い人間がたくさんいるんですよ。それにひきかえ、あの六月二十五日の自民党の勉強会。安倍親衛隊をつくろうというんで、声をかけたそうですよ。親衛隊だったら名誉なことだといって、あのバカな議員たち。世襲、金権、……もう脳は――低脳というよりは、落選したらただのひとじゃない、ただ以下のひとですよ！このひとたちが勉強会をやって、あの沖縄を差別する発言――わたしは沖縄差別そのものだと「タイムス」のインタヴューで言ったんですが。それも、われわれの闘いにとっては、反面的に、逆説的にプラスになっているわけです。神風の一種ですよ。おもしろいことには、県議会も抗議決議するのはあたりまえですが、「タイムス」と「新報」が共同抗議声明をやって――みなさん、わかるでしょ、「沖縄タイムス」と「琉球新報」というのは、犬猿の仲ですよね。(笑い)サンシン、琉球舞踊――「タイムス」系か、「新報」系か――安冨祖流、野村流――「タイムス」文化人等など。こういうふうに両新聞は競争関係にあるのに、編集局長がそろって共同の抗議声明を出したというのは、これは大変なことですよ。(拍手)われわれが沖縄の新聞を信頼するというのは、それなんですよ。起つときには起つ！　座るときにも起つ！(笑い)

戦争法案は国民にたいする侮辱である

それで「辺野古新基地の阻止の闘い」。「辺野古現場の闘い」と「翁長知事の闘い」、それから「県議会や市町村議会の闘い」、「結成がつづく各地の島ぐるみ会議の闘い」。そして本土の良心的なひとびと、世界の良心的な学者とかそういうひとたちが、われわれの闘いを包み込んで、暖かく見守っているわけですね。その闘いのさなかに、いま照屋先生がおっしゃったような戦争法案が国会で審議中であるわけです。この法案というのは、全有権者のたった二四％で過半数の議席数をとった選挙制度の不平等、その欠陥によって、絶対多数をとった自公――自民党と、それにへばりついている、権力の蜜を吸っていい気になっている公明党――、この与党が密室で協議して、それをアメリカくんだりまでもっていってね、夏までに成就させる、つまり国会を通しますと約束してきたわけですよ。これは、国権の最高機関であり、唯一の立法機関である国会に対する侮辱である！　国民に対する侮辱である！（拍手）　安倍独裁国家なのか。立憲主義、三権分立――裁判所、国会、内閣――、この三本の三脚に対して主権者たる国民が命令をする。これが憲法なんですよ。憲法九十九条は「天皇および摂政――つまり天皇の代理人――、国務大臣、国会議員、裁判官、その他の公務員は、憲法を尊重し、擁護する義務がある」。なぜこの条項に国民が入っていないのか。国民は憲法を「擁護し遵守する義務」はないんですよ。だから「九条を守りましょう」と言ってはいけない。「九条を守れ！」だ。（拍手）

ところが自民党の改憲草案では、百二条だったかに、「日本国民は憲法を尊重する義務がある」。そして天皇を除いている、尊重遵守の義務者から。いかに彼らが立憲主義にもとづかない、素人がつくった憲法草案を、改憲で実現しようとしているか。国民の義務は、いまは納税の義務、勤労の義務、子女に教育を受けさせる義務、これぐらいしかないんですが、自民党案は一〇個も義務があるんですよ。家庭はお互いに助け合わなければいけない、日の丸を尊重しなければいけない、君が代を尊重しなければいけない……いっぱい義務をつくっているわけです。そういう道徳に法は入ってはいけないんですよ。法と道徳は峻別されるべきものであって、こういう条項を入れるということは、社会福祉費用を親族や家庭におしつけようという腹ですよ。

そういう背景をもつ安全保障法案ですが、まず問題なのはたくさんの「事態」概念というのをつくりあげて、自分らでもその境界とか関係についてはわからなくなっている。国会で質問されたら質問ごとに回答が違う。「存立危機事態」と「重要影響事態」の関係は?と言われて、「存立危機事態」は「重要影響事態」を含むのかとか、いや含まないんじゃないのとか、いろいろ言っているわけですよ。

安保保障法案の中身

まず問題のないのは、直接攻撃があった場合には、これはいまの個別的自衛権で対処できるわけで、専守防衛というのがいままでの日本のやり方であったわけですね。自衛隊法七十六条で「武力攻撃発生事態」というのと「武力攻撃切迫事態」という規定がありますが、みなさんあまりなじみがないと思いますので、ちょっと読んでみます。条文を読むのは今回で終わりにしたいと思いますので、我慢して聴いててください。七十六条「内閣総理大臣は、我が国に対する外部からの武力攻撃(以下「武力攻撃」という。)が発生した事態」――これが「武力攻撃発生事態」ですね。――「又は武力攻撃が発生する明白な危険が切迫している」――これが「武力攻撃切迫事態」ですね。――「……事態に際して、我が国を防衛するため必要があると認める場合には、自衛隊の全部又は一部の出動を命ずることができる。この場合においては、武力攻撃事態等における我が国の平和と独立並びに国及び国民の安全の確保に関する法律第九条の定めるところによ

未來社新刊案内

no.028

〒112-0002
東京都文京区小石川3-7-2
TEL03-3814-5521
FAX03-3814-5596
info@miraisha.co.jp
http://www.miraisha.co.jp/

◆ご注文はお近くの書店にてお願いいたします

◆価格表示はすべて税別です

2015.08

スタニスラフスキーとヨーガ

セルゲイ・チェルカッスキー 著／堀江新二 訳

ソ連時代はタブーとされてきた《システム》とインド哲学・心身操法ヨーガとの関連を明らかにし、その演技理論の原理を再認識する。

四六判並製・一六二頁・一八〇〇円

浦上の原爆の語り

永井隆からローマ教皇へ

四條知恵 著

長崎・浦上に投下された原爆は、戦後どのように語られてきたのか。戦後70年のいま、実証的に明らかにすることで見えてきたものはなにか。

四六判並製・二三八頁・二五〇〇円

大地の哲学

アイヌ民族の精神文化に学ぶ

小坂洋右 著

「原発事故」を経験したこの社会の、今後のあり方を模索するための道しるべ。それは、「自然への畏れ」を宿し続けるアイヌ民族の文化。

四六判並製・二二二頁・二二〇〇円

[新版] 日本の民話12

出雲の民話

石塚尊俊・岡義重・小汀松之進 編

神話のふるさとであり、古代文化の中心地であった出雲の国の、昔話・伝説と神話とが渾然一体となったユニークな民話を収録。

四六判並製・二七二頁・二〇〇〇円

[新版] 日本の民話11

沖縄の民話

伊波南哲 編

沖縄諸群島の民話を、詩人・童話作家の編者が美しい言葉によってアレンジしつつ、沖縄の特徴を伝承のなかに浮き彫りにする。

四六判並製・二二四頁・二〇〇〇円

[新版] 日本の民話10

秋田の民話

瀬川拓男・松谷みよ子 編

昔から文化もひらけ、鉱山、農業、漁業などに活発な生業の歴史をもつ秋田。それらにまつわる民話も数多く収録。

四六判並製・三二四頁・二二〇〇円

［新版］日本の民話9

伊豫の民話

武田明 編

瀬戸内海にのぞむ屈曲した海岸線をもち、離島あり、高山あり、変化に富んだ地形をもつ伊豫地方の種類もさまざまな民話を収録。

四六判並製・二七四頁・二二〇〇円

［新版］日本の民話8

阿波の民話 第一集

湯浅良幸・緒方啓郎 編

四国のなかでも民間伝承の豊かな地方といわれながら、採集・発掘があまりなされていなかった阿波地方の豊かな民話を収録。

四六判並製・二七二頁・二〇〇〇円

［新版］日本の民話7

津軽の民話

斎藤正 編

長いあいだ雪に閉ざされる津軽は伝承文化がほぼ原型を保って残っている。奥羽山脈の南と北、士族町と山村との対照的な民話多数。

四六判並製・二三四頁・二〇〇〇円

り、国会の承認を得なければならない」（第二項）。「内閣総理大臣は、出動の必要がなくなったときは、直ちに、自衛隊の撤収を命じなければならない」。七十七条で「防衛大臣は、事態が緊迫し、前条第一項の規定による防衛出動命令が発せられることが予測される場合」――つまり「武力攻撃予測事態」です。――「……これに対処するため必要があると認めるときは、内閣総理大臣の承認を得て、自衛隊の全部又は一部に対し出動待機命令を発することができる」。

ということで直接攻撃の場合は従来の自衛隊法でまかなえるんですが、集団的自衛権を前提とすると、アメリカ軍以外の親密な外国軍との関係もありますので、特定公共施設利用法改正案に米軍以外の他国軍も条文に入れるというんで、他国軍も日本の港湾とか飛行場を利用できる。自衛隊が海外で活動するさいに想定するいろいろの事態というのを、今回、公明党と自民党の法律の専門家と称する高村、北側、あの二人を中心にしてつくりあげたこの概念ですが、まず戦争になっていない状態の場合、「重要影響事態」というのがあるわけです。従来の周辺事態法という法律の第一条では「我が国周辺の地域における我が国の平和及び安全に重要な影響を与える事態」というのが、周辺事態法での適用する地域でしたが、「我が国周辺の地域」というのを今度の改正はこれを取っ払って、「日本の平和と安全に重要な影響を与える事態」というふうにした結果、世界じゅうで米軍に加え、他国軍への後方支援もできる、弾薬の提供もできる、発進準備中の航空機への給油とか整備、医療行為とか、そういうのができるようになる。これは中国が南シナ海にいまガチャガチャ出ているということを想定しているのではないかと言われている。その場合には、国連決議があってもなくてもいい、国会の承認は事後でもいいと。改正以前は、事前の承認が原則でしたが、改正法で事後でもいいとなっているわけです。

こういう「重要影響事態」の定義を国会で訊かれた総理大臣安倍晋三が答えたのは、北側一雄副代表が影響事態の認定基準はどうなんだと質問したわけです。そうすると、首相の答弁は「武力紛争が発生または差し迫っている場合、わが国に戦火が及ぶ可能性、国民に及ぶ被害などの影響の重要性から、客観的合理的に判断する」と。法律用語で「客観的合理的に判断する」という場合は、「わたしの思うとおりにやります」という意味です。こういう事態ですね、「重要影響事態」は。「そのまま放置すれば、わが国に対する直接の武力攻撃にいたる恐れのある事態」というふうに言っているわけですね。名前も、従前の朝鮮半島有事を前提にしていた「周辺事態法」というのを「重要影響事態法」というふうに名称まで変えたわけですね。ほかの関連法も従前は適用範囲が「日本周辺……」ばかりだったのが、日本周辺以外での自衛隊による船舶検査もできるようになった。

戦争になった状態の場合に、「存立危機事態」という事態を新しくつくったわけですね。これは、いまある武力攻撃事態法改正案というかたちで出ているわけですが、安倍首相はこの行使要件の新三要件というなかの第一の要件、「密接な関係にある他国への攻撃で、わが国の存立が脅かされ、国民の権利が根底からくつがえされる明白な危険がある状態」と。これを入れるということについて、公明党と論争して、安倍はこれを入れるのを最初嫌がったんですが、さすがに公明党は平和の党ですね、これを入れないと与党から抜けるよと脅しをかけて、この第一の要件が「日本の存立にかかわるような明白な危険」＝「存立危機事態」、そういう事態において国民を守るためにほかに適当な手段がないというのが第二要件ですが、第三要件が必要最小限度の、しかも実力行使である、と。こういうのを満たせば、「密接な関係にある他国への攻撃」を自国への攻撃とみなして、集団的自衛権が行使できるから反撃ができるんだ、と。これは専守防衛から根本から変容するわけですよね。

集団的自衛権の違憲性

集団的自衛権というのは、日本国憲法のもとでは行使できないというのは動かしえないことだったんですが、安倍内閣はこの不可能を容認した——憲法審査会で三人の学者が言わなくたって違憲なんですよ、はじめから違憲なんです。マスコミもマスコミですね。国会で自民党推薦の長谷部恭男、民主党推薦の小林節、そのほか一名が反対したことで、マスコミも元気づいて、安倍のこの法案をおかしいと報道しはじめた。いままで集団的自衛権、憲法解釈で認めるというあの昨年七月の時点でどうしていまのような論調をやらなかったのか。

この「存立危機事態」において、いままである法律の改正案が出ているわけですね。一〇個の改正案――①自衛隊法改正案、②国連平和維持活動（ＰＫＯ）協力法改正案、③周辺事態法改正案（重要影響事態法案）、④船舶検査活動法改正案、⑤武力攻撃事態法改正案、⑥米軍行動円滑化法改正案、⑦特定公共施設利用法改正案、⑧外国軍用品海上輸送規制法改正案、⑨捕虜取り扱い法改正案、⑩国家安全保障会議（ＮＳＣ）設置法改正案――と、国際平和支援法という新しい法律ですね、この一一個がいま国会にかかっているわけです。一〇本の改正法というのをたばねて一個の平和安全法制整備法案として出しているわけですね。加えて新規立法の国際平和支援法と。一〇本の法律を、自分たちで決めた八〇時間、国会審議をもうやったから採決しようなんて言っているわけでしょ。とんでもないですよ。八〇だったら八〇×一〇＝八〇〇時間ないと本当はいけないわけですよね。

新しくつくられた事態のひとつである「グレーゾーン事態」というのは、従来は警察とか海上保安庁がやっていたことで、尖閣諸島とか自分たちで煽ってつくりあげた危機ですよね、危機を装っているわけです、そういう尖閣とか東シナ海、南シナ海で武装集団が不法上陸する事態――尖閣なんかそれを言っているわけですが――、国際法上の無害通航に該当しない外国軍隊に対処する必要がある事態、航海での船舶への侵害行為がある事態――海賊行為なんですが――。従来はこういう事態は自衛隊法九十五条で武器等の防御ができるが、これは警察権の行使としてやっていたんですが、今度はこの武力攻撃にいたらないこの事態を「グレーゾーン事態」と称して、日本防衛のために活動している米軍とか多国籍軍の戦艦を自衛隊が防御する、と。「自衛隊が防御」というのは、米軍等の武器等のため、日本の自衛隊が武器を使用していいということなんです。そうすると出先の部隊が暴走して、事態が全面戦争に発展する可能性がある。——柳条湖事件という、一九三一年に関東軍が中国で、満洲の奉天の近くで南満洲鉄道の線路を関東軍が爆破しながら、「あれは中国軍がやった」と言うんで、全面戦争を始めたわけですよね。こういう事態が起こりうるわけですよ。歴史が証明しているわけですね。のみならずこの「グレーゾーン事態」というのも、しかも国家安全保障会議で、電話会議で自衛隊出動を協議できるんだとかいうふうなことをやっているわけです。

危険な国際平和支援法案

あと国際社会関連のものは、従来国連が統括していた（平和維持活動に参加していた）ものですが、今度は「国際連携平和安全活動」と称して、従来のＰＫＯ法の改正案を出しているわけですね。この場合は、国連が統括していない活動であるわけです。国連の指揮下にない、国連の枠組外で、海外で人道復興支援とか、治安維持活動、停戦監視が可能になる。改正以前は必ず国連のもとで、かつ停戦成立の地域でないと活動ができなかったんですが、この限定が外れたわけです。そして国連要員とか他国軍の部隊を助けるために、自衛隊が駆けつけていって武器を使うことができる。武器の使用については、従来は正当防衛とかの場合ですね、自己保存型の受動的な武器使用しかできなかったのが、任務遂行のための能動的な武器の使用もできるという条文ができています――駆けつけ警護の場合ですね。武器使用の基準が緩和されているわけです。事前承認の対象は、治安維持活動と停戦監視任務の場合は事前承認が要るということになっています。

安倍内閣はこの法律について、戦争状態になりえない、だから自衛隊員はリスクは高まらないなんてことを言っているわけですがね。そういうことは戦争の現場の実情に合わないと思います。そして新たにできる国際平和支援法案というのは、自衛隊の出動には必ず国会の事前承認が必要なんですが、国際社会の平和のために活動している国連決議とか国連の主要機関の支持のある活動とか、あるいは有志連合の場合であっても、自衛隊が後方支援ができる、弾薬の提供もできる。「後方支援」というのはなんでしょうかね。戦いの現場に後方も前方もないでしょ。

このことばの違いは、周辺事態法では「後方地域支援」といっていたわけですね、「後方地域支援」から「地域」を取っ払った「後方支援」というのは、武力行使と一体化することは明らかだと思うんです。アフガンやイラクの特別措置法のときは「非戦闘地域」ということでこのように従来は自衛隊というのは戦闘の起こりえない場所のみで活動を許されていたんですが、新法ではこの概念をなくしていて、条文上は、「現に戦闘をおこなっている現場」はダメだけど、それ以外は活動できるとなっているわけです。そうすると戦闘が起こりうる場所でも活動ができるということになるわけで。自衛隊の殺し／殺されるリスクが高まるというのは、国会で共産党の志位委員長が五月二十八日の質問でＰＫＯ改正法案によって自衛隊員から戦死者を出すだけでなく、他国の民衆を殺傷するという質問をしましたが、交戦権を否認する九条のもと、自衛隊は自国の自衛のための組織であるわけですから、活動領域はわが国の領域で、それを越える範囲の場合は従前はさっき言った「後方地域」とか「非戦闘地域」とかいうふうな限定があったわけなんですが、この新しい法案では結局、警護任務のなかで武器を使用して、戦闘行為に発展し、あるいは巻き込まれる危険性が大きいということは明らかなんですよ。

そろそろ結論に入ります。

いま審議中の安保法案は、日本国憲法第九条全体に違反する違憲の法案であり、国会での審議自体に質疑などで野党が関わることは、野党が安倍一派の掌中で踊らされることを意味し、数を頼んでの強行採決がされると国会自体が憲法違反の立法に手を貸した事実は否定されず、立憲主義崩壊を国会みずから招く悲惨な歴史を作ることになります。自民党推薦を含む長谷部・小林氏ら三憲法学者、憲法学会、法律関係団体などの法案反対・違憲声明がなされ、法案反対意見が多数となった世論の動向を踏まえ、全野党が結束して原点に帰り、昨年七月一日の安倍内閣の集団的自衛権容認の閣議決定の違憲性を問う時点に舞い戻って、法案を廃案へ追い込む大きな国民運動と歴史的な政治戦略が求められています。

最大多数の学者たちの違憲表明や市民団体の反対運動がつづき、世論が圧倒的に戦争法案反対に向かっていることから、政府自民党は、危機感をつのらせ、国会の会期を九月下旬まで大幅延長し、なお強行採決の構えを崩してはいません。「百田発言」は安倍一派のあせりとおごりをはっきりと国民の前に露見させました。うるま市「島ぐるみ会議」の共同代表者である小生としては、かような違憲の法令について検討・学習すること自体は、それが廃案になるべき代物《しろもの》である以上、それほど生産的とも思えず、時間の無駄のような気もしないではない。しかし、右翼ナショナリストの「お友だち」が集結した安倍一派は、昨年七月一日、集団的自衛権行使容認と同時に辺野古新基地工事強行の閣議決定をしました。今回の安保法制は集団的自衛権行使の具体化であり、それを強行成立させることは、憲法無視の反憲法クーデターに等しく、それと辺野古新基地強行を連動させ日本を戦争国家の道へ導く危険な政治策動であることを、うるま市の有権者・市民とともに再認識する契機にしようと考え、講演依頼を受諾した次第です。われわれが、いまの時代に動かないと次の時代の子や孫にその不作為が責められることは間違いなく、民主主義と平和を守るため、皆様が辺野古新基地と戦争法案の動向に関心を寄せられ、「島ぐるみ会議」へのご支援と市民への広報・啓蒙・現場活動にいっそうご尽力くださるよう期待するものであります。

最後に、辺野古新基地建設阻止の闘いは、戦争法案廃棄・安倍内閣打倒の闘いとともに、闘われなければなりません。

わたしの話はこれで終わります。

＊

［質疑応答より］

（行政行為の瑕疵について）

瑕疵というのは、仲井眞知事が承認した時点での瑕疵です。そして瑕疵の治癒が起こるのは裁判の口頭弁論の終結時ですから、裁判が二年かかるかもわからない。二年のあいだに工事を進められたらオジャンです。

行政行為の瑕疵というのは、わたしの考えではだいたい四つあります。つまり主体に関する瑕疵ですね。たとえば県知事が仮病を使って東京の病院に拉致された。あのとき、正常な意識のもとで安倍に脅迫されているんではないか、と。行政行為はつねに正常な認識能力をもつ主体がやらないといけないんです。たとえばまた仲井眞が八年間にわたって三千億円の予算をもらう、それとひきかえにあの承認をやったとしたら、これは刑法上で言えば収賄行為です。つまり行政行為と関連性がもしあるんであれば、取り消し事由になるわけです。それはたとえば、あのときはそう言ったが、そののちの県知事には行政行為の一体性から言って、変更行為はできないですよ！　それを六百億かなんかを削ったでしょう。それは詐欺行為ですよ。詐欺は民法上取り消すことができる。これが考えられる主体に関する瑕疵です。

あとは内容に関する瑕疵というのがあるわけですが、行政行為というのは公益を目的とするものでなければならないのに、それが内容が法に違反して違法と認められる場合、あるいはその公益に反して不当と認められる場合、こういう場合には内容にかんして瑕疵があるというんで、取り消すことができるというのは行政学の常識です。

あと、ぼくが考える三つ目の瑕疵というのは、手続きに関する瑕疵ですね。たとえば副知事の側近みたいなひとがぼくに言っていたんですが、仲井眞知事は物事を決めるのに副知事の話も誰の話も聞いていない、と。もしも本来ほかの機関も協議して初めてあの承認行為が出てくるんであれば、もし庁議を抜いているとしたら、これは手続きに関する瑕疵だということになるわけです。本来、庁議にもとづいて県知事が最終的に発表する、その庁議を経ていないのではないかという疑いがあるわけです。なぜなら、あの「いい正月」の話からほんの数日後の承認だったでしょ。御用納め日の前の日です。あきらかに独断で庁議抜きで。その証拠に、部局は承認の場合と不承認の場合と、二つの書類を準備していた。ということは庁議の結果はわからないので、二つ準備したんだということですよ。それなのに承認をした。

あとは形式的な瑕疵というんで、たとえばあの承認書のなかに日付が抜けていたとか、そういう公文書の形式を整えていなかったという、これはあまり考えられないんですが、そういう瑕疵をいくつも探すことはできるんですよ。それもさんざん五か月も六か月も時間をかけなくて、当時の仲井眞の知事広報室長、又吉進。あれは重要な目撃証人。だのに外務省が証拠隠滅のために引っ張って行っちゃった。つまり証言を取らさないためにやったわけですよ。そういうことを新聞には書いてないでしょ。仲宗根勇にしか言えない。（拍手と大笑い）

どうもありがとう。

第二部　「辺野古総合大学」憲法・政治学激発講義

■闘いはここから　闘いはいまから

二〇一五年一月三十一日

みなさん、寒いなか、ご苦労さまです。具志川九条の会の代表をしている仲宗根勇です。

わたしはいつもここで過激なことを言っているんですが、安倍一派——内閣とはわたしは言いません——は、投票率五二％で、安倍の政策に反対しているひとは投票所に行かないわけですよね、約五〇％のひとが。全有権者の十何％かの得票率でもって三分の二以上の衆議院の議員数をとって、その上にいかにも多数派のような顔をして暴虐の限りをつくしている安倍一派——。

ご存じのように、国と政府というのは別の概念です。いまは安倍晋三という男が国家権力を盗み取っているような状態であるわけです。A級戦犯である東条内閣のときの商工大臣であった岸信介という安倍のおじいさんは、本当は東条といっしょに絞首刑になるべき人間であったわけです。岸は三年余A級戦犯として巣鴨の刑務所に入っていて、それが当時の占領軍の政策変更によって運よく釈放されたわけです。七名の戦犯が処刑されたその数日後、かれはスガモプリズン出されるわけですね。公職停止されていたにもかかわらず、サンフランシスコ条約第三条で沖縄を売り払ったその条約発効のおかげで、かれは公職追放を解除されて名誉回復し、一九五三年の総選挙で、国会議員になるわけです。そして吉田茂政権と争って結局、岸が政権をとって、六〇年の安保改定闘争の対象になった反動政治家であるわけですよ。六〇年安保闘争は、岸が議会主義を破壊するのに対して、民主主義を守れ、岸を倒せという運動が盛り上がって、かれは倒されたわけです。

　この岸の時代を取り戻そうとする安倍晋三という右翼ファシスト、これを日本人が許しているということ自体、北朝鮮の金独裁王朝といま日本はまったく同じです。

　安倍は靖国神社を参拝し、沖縄の民意を踏みにじり、わが代表、翁長県知事と会おうとしない、辺野古で暴力のかぎりをつくしている。これを許している、良心的な日本人を除いた多数派の日本人は、われわれ沖縄のこの闘いをどう見ているのか。ヒットラーがユダヤ人を探し出して全部ひきずりだして——アンネ・フランクも誰もかも見つけ出して、全部アウシュヴィッツはじめたくさんの収容所に送って六〇〇万人のユダヤ人を殺した。これに対して終戦後のドイツ人は何と言ったか。「われわれはその当時のことは知らなかった」と言ったわけですよ。実際は、共産主義者とか自由主義者とか作家とかの本が公然と焼かれナチスの暴力が横行しているわけです。それなのに、知らなかったと言っている。

　いま日本の大多数の国民もわれわれ沖

縄の一％の少数派の痛みをわかっているのか。かれらは自分に降りかからないことを、むしろ自分の日常の楽しみの情報のひとつとして受け取っている。許せるものではない！

この数日にわたってここで名護署が挑発的なことをいろいろやっている。この本源はなにか。安倍官邸が警察庁を通じてその指揮系統のもとに沖縄県警の本部長によって動かされている、あの名護署のあわれな沖縄出身の警察官たちはむしろ哀れむべきであるとわたしは思います。県警本部長というのは沖縄で官邸の要望を満たせば、次の出世ができる、ということでやっているわけです。県議会の先生もいらっしゃるわけですが、県警は沖縄県政のもとにあるわけですから、県議会が召喚して警備方針について糾弾すべきである！（拍手）まずこういう具体的なことをやるべき人間たちがやるべきである。そして闘争の本当の現場はここの現場以外にはない！

われわれ具志川九条の会は、去年の七月から毎週土曜日、一〇名内外の会員のみなさんといっしょに闘ってまいりました。わたしなどはもう七〇を超えた人間ですから、いつ死んでもいい。わたしが六〇年安保闘争における樺美智子になってもいいと思っている。それで辺野古工事がとまればいい。

安倍首相のウソばっかり言って、世界各国を外遊して得意げに経済援助をして平和を守るだの、積極的平和主義だのと言っているでしょ。あの美しいことばどおりであれば、こんな沖縄の現実がありますか！（拍手）

今度の人質事件（イスラム国誘拐事件）がありますね。あれは安倍が招いた結果ですよ。もし解放されたら、安倍はまたこれを自分の手柄にして国民向けに発言するでしょう。フクシマの汚染水は「アンダーコントロールされている」というようなウソを平気で言う人間ですよ。きのうの国会の予算委員会におけるあの閣僚たちの横柄な態度。議席数に乗ってわれわれの代表者が論理的に追い込んでも、とんでもないみたいなことを言いふらす。太田国交省大臣にいたっては、あの馬乗り海保の暴力を、写真の見方だとか、そういう暴力の報告は受け取っていない、だとかまったく非人間的な人畜。これはひどい話ですよ。こういうひとたちを選ぶ日本国民とは何であるか！

わたしたちは憲法を守るという立場からこの闘争にかかわっているわけですよ。なぜですか。本土では住民が反対したら、ここではもうヤメタ、となるわけですぐ引き返すでしょ。沖縄だけ、「これは唯一の選択肢だ」と何十回もステレオタイプのことを言って、恥じない。こういうひとたちですよ。沖縄への憲法の平等条項の適用はないのか。

ヒットラーの独裁確立から戦争にいたる歴史を見ていると、安倍はいまその二の舞いの道を歩んでいるわけですよ。その終極の狙いが辺野古基地をかならず作るということ。しかしウチナーンチュには鉄の団結がある。戦争のイクサ場の惨状をさんざん見てきたオバアたち、このオバアたちが自分のまなこのように大事にしてきた辺野古の海をどうして許せるか！　そういう思いをこめた九条の会で作った歌があります。三井三池闘争のときに炭鉱労働者がつくった「ガンバロウ」という歌があります。これは六〇年闘争のときに国会を取り巻いたデモ隊も歌った歌です。

その歌の歌詞の替え歌をわたしが作ったものです。辺野古版「ガンバロウ」です。

♪一、がんばろう！　子孫のために
　ワシタウチナーウマンチュの団結がある
忘れ得ぬイクサ場の伝えの心
闘いはゲート前　闘いはここから

♪二、がんばろう！　緑輝く
　ヤンバルの自然を守るため
集い来る県民の思いはひとつ
闘いはここから　闘いはいまから

♪三、がんばろう！　辺野古の海に
国の暴虐打ち沈め　平和を作る
勝ちどきを呼ぶ　オール沖縄
闘いはここから　闘いはいまから

■安倍政権のテロリズムは許さない！

二〇一五年二月五日

テロリズムとは何でしょう。自分の主張に反することを暴力をもって問題を解決する。これを「テロリズム」と言うんです。海保の馬乗り暴力、それを国会でわれわれの代表者が写真を示して論理的に追い込んでも、ウセェームニーグァ（「小馬鹿にする」意の沖縄語）するような国会議員、とくにあの公明党の太田大臣は何と言いましたか、「写真の見方でしょう」「そういう暴力の報告は受けておりません」――ほんとに情けないというか、こういった人間がいま国家権力を盗み取っているわけです。総有権者の十数パーセントの得票率でもって三分の二の議席を奪い取っている。選挙制度の欠陥を直すという約束もまったく守られていない。守らないうちに衆議院を解散する。そして安倍が狙っているのは来年の参議院選挙で三分の二を同じようにとって、国会で憲法改悪を発議する、それで国民投票に持ち込む、という悪辣な策動です。

　われわれの代表である県知事が挨拶に行ったときに、安倍は「会いません」と。これはミーチワラバー（「三歳の子ども」の意の沖縄語）の、駄々っ子のどうしようもない振舞いで

す。笑っちゃいましたね、みんなでここで。これを朝日新聞はすぐに社説で「大人げない」と書きました。ところがその朝日新聞がこのまえの国会を取り巻いた大きな集会、これを翌日の朝日新聞はまったく報道しなかった。後藤健治さんを救えという二、三百人の集団がデモをやったというのは写真入りで報道されていました。ところが七千名も集まって全沖縄の国会議員が演説し、三味線を弾き、いっぱいの東京の人間が集まった。それなのに一行も朝日新聞には載っていなかった。沖縄のマスコミが、マスコミ本来の、公けの権力を監視するという第四の権力としての役割を果たしている。これはマスコミとして当然のことをやっているわけです。ところが日本のマスコミ、朝日新聞でさえもおかしいんじゃないか。わたしは五十年間、朝日新聞を読んでいるんですが、もうやめようかな、と思い出したところです。

この暴虐の限りをつくしているこの大本は安倍官邸です。安倍晋三というこの右翼ファシストの大きな目標は、最終的には憲法を改悪する。その最大の一里塚となるのがこの辺野古を必ず作る、暴力をもって推し進めること。海上保安庁？　笑わせるな！　海上不安庁ではないか。かれらがやるべきことについてはちゃんと海上保安庁法で規定があります。犯罪を犯すか、犯そうとしている。災害の危険がある、どうしようもない緊急な状態にある、という場合に保全処置をとるということになっているわけです。

手こぎのカヌーが反対をする意思表示、憲法で認められている表現の自由をたんに平和的にやっているのに対する暴力、これこそテロである！　これこそ安倍官邸が警察庁を通じて、沖縄県警本部長に命令して名護署、県警を指揮しているわけです。あわれなのは沖縄出身の警察官たち。安倍官邸に尻尾を振る県警本部長は、「デモ隊を圧殺してくれ、そうすれば次はいいところに出世させてあげます」と。県警本部長とはそういうもんです。県警本部長はふつうの警察官とはちがうルートで入ってくるんです。上級国家公務員試験を通って各本部長の道を行くわけです。前回も言いましたが、その本部長を県議会において召喚してどういう経過でこういう過剰警備、暴力行為を許しているのか、と県議会でとっちめるべきであると言っているんです。

安倍晋三という男を葬らなければ日本は危ない！　だが、われわれはけっしてあきらめない。あの無惨な沖縄戦は、軍隊がここに来たおかげで、そのせいでわれわれはさんざんな目にあったわけです。そのさんざんな目にあった、ここにいらっしゃる島袋のオバアさんなどはけっして戦争を忘れない、と毎日のようにここにいらっしゃる。ほんとに涙が出てくるんです。

■沖縄人をして沖縄人と戦わせるという安倍戦略

二〇一五年二月十九日

みなさま、ご苦労さまです。うるま市具志川九条の会の代表をしている仲宗根勇です。

翁長ドリが鳴きました。ついにやるべきことをやったわけです。ところがこの数日の動き、八重山の議員が分裂行動をしにわざわざこっちに来る。右翼の議員たちがわざわざ来るというようなことは、安倍官邸の指導部が県警や基地賛成派を糾合して反対運動を、沖縄人をして沖縄人と戦わせるという戦略を具体的に取り始めたということです。

みなさんはテレビで国会の安倍演説に対する民主党の代表質問のときに、さすがNHKと言えどもカメラはしっかりした目をもっていた。安倍は岡田代表が演説しているときに自分の席に座って官僚やオトモダチが書いた原稿を懸命に、口を動かして準備していました。それをあのモミガラ会長のNHKのカメラは見逃さなかった。自民党の副総裁は居眠りをしていた。このような人間たちが、いま安倍官邸を中心にしてあらゆる機関、NHKも乗っ取り、オトモダチを中心にファシストのやったようなことをいまやっているわけです。

いま翁長さんがやっている停止命令——これは許可領域外についてちゃんと報告がなければ領域内の破砕許可も取り消す、ということになっているわけです。ここに沖縄県が防衛局に送った文書の写しがあります。——以上の指示に従わない場合は、許可を取り消すことがある、と。これは、沖縄県漁業調整規則にもとづいているわけです。なぜ、こういう事態を招いたかというと、この工事の囲い込みをするために、ゲート前の闘いと同様に、あの死に物狂いでやっている手漕ぎのカヌー乗りのひとたちを近寄らせないために、大きな領域にフロートをやってそれに浮きを付ける——浮きというのは常識的に45トンにもなるような固形物は重しとは言いません。この事態を招いたのは、われわれの仲間のカヌー隊を排除するためにやった結果がこうなっているわけです。この闘争をバカにして思わず領域外でやっちゃった。そしたら規則に反する——仲井眞知事が許可したなかにもちゃんと条件が付いていて、条件に違反した場合には取り消す、と——、そういう条件にもとづいて取り消しているわけです。「辺野古ブルー」の闘いによって防衛局は積極ミスをやったわけです。それがわれわれに闘いの武器を与えた。

「辺野古ブルー」がもしあのフロートを乗り越えて果敢に反対運動をやっていなければ、あのフロートを作ろうなんてことは起こらなかったと思う。フロートを乗り越えようというあの意気、あれが県知事の翁長ドリがキャーンと大きな声で鳴けた原因を作ったわけですよ。すばらしい！

そして山城博治さんを拘禁しようとしたり、いろいろけが人が出たりしています。先週の土曜日に拘束されたわれわれの仲間が名護署で留置場に入っていました。九条の会も馳せ参じて、わたしはそこで名護署のみんなが聞こえるように言いました。——「逮捕の効力は七十二時間である。そのあとは証拠を揃えて拘留請求を検察官が裁判官に対してやります。ところが、このようなことで完全黙秘して証拠もなにもない。証拠というのは警察官が目撃していましたとかにせの証言をでっち上げるのが通常であります。したがってこれについては普通の裁判官だったら、拘留請求は認められない、却下されて、身柄は釈放される」と脅しのようにわたしが演説したら、その日のうちに釈放されたそうです。（拍手）

正当な抗議、ここのゲート前の闘争を引き上げても絶対に仲間を取り戻すという山城さんの力強い名護署に対する宣戦布告が利いたわけですよ。公安の犬はここらにもぶらぶら入っているかもしれない。だけど八重山の議員がここへ来てわれわれへの反対行動を組んだとか、名護の市長を支えている議員たちもきのうここへ来たんだということを聞いたらかなしくてね。沖縄の二〇〇〇年にわたす運命を決するこの闘い、これを止めることが安倍ファシスト政権を打ち倒す。

沖縄の自己決定権というのがあるわけです。日本国憲法が明治憲法と違う大きなもののひとつに地方自治というものがあります。明治憲法には地方自治の規定はありませんでした。官知行政で中央から県の知事が全部派遣される。ところが、いまの日本国憲法は地方自治というのを大統領制選挙で首長を選べとなっているわけです。つまり直接選挙によって市長とか村長は選ばれているわけでしょ。総理大臣は国会議員のなかから指名されて多数党派のどんなボンクラでもなれる。本当に無知蒙昧な世襲議員たちが、あの安倍晋三の気持ち悪い演説にロボットのように拍手する、なんとも惨めな、あんな連中が国会で「先生」と言われて大きな顔で、通信費だけで月一〇〇万円をとって、たくさんの報酬をとっているわけですよ。

安倍晋三という男の死命を決するのはこの現場です。ここの工事を請け負っているゼネコンの大成建設の前では東京の心あるひとたちが抗議集会をもったり、国会をずっと取り巻いているわけです。そういう良心的な本土の人間、ここまでも足を運んでくれているひとたち、それらを除いた、安倍に投票するような日本人はもはや自分の頭でものを考える能力を失っている。国家権力をたかだか全有権者の一五、六パーセントの得票率でもって、選挙制度の欠陥――最高裁でさえも憲法違反状態だと、高裁によっては無効だと言っている――によって、その制度を直す直すと言っておきながら直さずに、その選挙によって三分の二以上の議席を公明党といっしょにもっているわけです。それに乗っかって、あたかも全国民の代表であるかのように振る舞っている安倍晋三という男の、あの舌っ足らずの寸足らずのものの言い方、ぼくより話は下手ですよ（笑い）、安倍はオトモダチ、官僚の原稿を読めるかどうかということで予行演習で会議中もちらちら読んでいるわけです。これをさすがＮＨＫのカメラマンは写すんですね。写しました。

まあ、あまりしゃべると公安が録音していて、仲宗根勇の不逞発言として特定秘密保護法の秘密報告のなかに入れかねない。どうぞ、入れてください。（笑い）なんか危険を察してわが事務局長がもういいんでないの、と言っていますのでこれで終わります。

山城博治（司会）　わたしもなんとなく拘束されかかっていますけど、こんな裁判官だったら行ってみたいです。（笑い）裁判所を取り返してみたいものです。みなさん、仲宗根さんを先頭に全うるま市が頑張っていただきたいと思います。楽しいお話ありがとうございました。

二〇一五年二月二十一日

■ゲート前テントは全面撤去できない

みなさま、ご苦労さまです。九条の会の共同代表、仲宗根勇です。

政府は官憲の暴力、闇の暴力まで使って辺野古と高江をつぶそうとしています。このテント村の設置はたしかに法律には触れる。しかし日本国憲法二十一条は、集会・結社及び出版、言論その他いっさいの表現の自由はこれを保障するとなっています。明治憲法も同じような規定はありましたが、明治憲法においては法律の範囲内においてという自由しか認められていなかった。この日本国憲法においていっさいの表現の自由を保障するというのはどういう意味かと言うと、このテントを設営すること自体、新基地反対の意志表示を表現する、ひとつの表現の自由に含まれるわけです。（拍手）

法律の範囲内の話であれば、道路法にもとづいて全面撤去できます。しかし最高裁判所の平成五年の判決は、こう言っています。「表現の自由といえども無制限に保障されているものではなく、公共の福祉による合理的で、やむをえない程度の制限を受けることがあり、その制限が容認できるかどうかは、制限が必要とされる程度と制限される自由の内容および性質、これに加えられる制限の態様および程度等を比較考量して決せられるべきである」と言っているわけです。憲法の表現の自由は、当然、公共の福祉によって制約されるんですが、それも「合理的で、やむをえない程度」の制限にしかできません。

この撤去を求めている事由は、道路法、交通の妨害になっているというのが理由なんです。つまり「制限が必要とされる程度と制限される自由の内容および性質、これに加えられる制限の態様」、これを全面撤去せよ、というのはこの制限の範囲を超えているわけです。つまり全面撤去というのは認められない。不当である。

テントの幅を縮小して、もうちょっと人間が通れるようにしてほしい、という一部制限の要求はできます。それだけであって、全面撤去なんていうのは最高裁判所の判例にも反します。（拍手）

われわれはこれはあたかも全面撤去はやむをえないということき認識をもつべきではない。安倍晋三内閣はほんとにファシストがやったようなことをいま恥じらいもなく平気でやっているわけです。ヒットラーが独裁権力を確立したのは、当時のもっとも民主的なワイマール憲法をないがしろにする授権法という憲法の下にある法律を、三分の二以上の出席・同意のもとで可決したわけです。憲法を排除する法律であったわけです。当時のドイツ国家社会主義者党、つまりナチスが第一党ではありましたが、三分の二はとれなかった。それでどうしたかというと、当時のドイツ共産党の八一名を外鍵かけて議事堂の部屋に閉じ込め、ドイツ社会民主党の一二〇名のうち二四名も隔離して三分の二で強行的に可決した。恥も外聞もない、法律もなにもない、こういうことをいま、安倍晋三という、アホな二枚舌の一派がやろうとしているわけです。これを許すわけにはいか

ない！（拍手）

日本の憲法は地方自治制度というのを明確に認めている。地方自治体と日本国家は対等な立場であるわけです。それを県知事に会わない、選挙に負けたから会いません、しかしマスコミ向けにはいつでも会う用意があります、なんていうあの二枚舌の男、許せるものではありません。

（拍手）

日本はいつ「人治国家」になったのか。法治――法律にもとづく政治じゃなくて、いまや安倍晋三というひとりのファシストが日本を牛耳っている。いままさに危機的な状況です。

第三者委員会は七月ごろに結論を出すなんていうノンベンダラリとしたことを言っています。なぜそれではいけないか、と言うとくわしく説明いたしましょう。

裁判には抗弁というのがあります。否認というのがあります。たとえば、金をあなたに貸しましたから払ってちょうだいということを訴えたときに、「借りていません」というのは否認です。「借りてはいるが返しました」というのが抗弁と言います。その抗弁というのは予備的にも出せるわけです。つまり、これが裁判になったときに、沖縄県は取消し事由がこれこれというふうに取り消すという決定を出すと、国の争いかたは「いや、取消し事由はありません、否認します」とまず言います。つぎに言うのは、「かりに県の言うように、取消し事由があったにしても、その後の状態や事実の変化によってその法的瑕疵は治癒された」と。「行政行為の瑕疵の治癒」という法理論があるんです。それをやるためには工事を一寸でも前に進めて、「工事は進んだ、つまり瑕疵は治癒された」ということを言うために、暴力的な工事を進めている真の原因は、この抗弁を作り上げるということのためにあるんです。マスコミはこういうところはあまりわからない。

なぜ七月じゃまずいのか。それは工事がすこしでも前に進められたほうが裁判になったときにこの抗弁理由を認められやすくするというためなんです。強行する安倍晋三一派の隠れた目的はそこにあるんです。

その抗弁の立証責任は抗弁を主張するほうにあるわけです。つまり、「これだけ工事が進みました」と政府が立証しないといけない。そのために一寸でも一センチでも多く工事量があったほうがいい。それがゆえに工事強行をやっているわけです。われわれはただここで座っていることによって安倍官邸に圧力をかけつづけているわけですよね。法律的にも道義的にもわれわれの側に大義はある。

九条の会がここにかかわる主たる理由というのは、沖縄が憲法の平等条項に反して、沖縄の民意を無視してここに強行しようとしているからです。本土だと地域が反対していると、環境庁の調査もすぐ引き返すでしょ。なぜ沖縄にだけ、こういう押しつけをして恥じない連中をのさばらせているか。日本国家はいまや安倍独裁ですよ。そういう認識をもちつづけて、あの恥じない連中はあの嘘っぱちを平気で言う。安倍の政権演説を聞いたと思います。「ひきつづいて沖縄の理解を得ながら粛々と進めてまいります」と。「ひきつづいて」とは何ごとですか。「ひきつづいて」もなにもないでしょ、いっさい聞いてないんだから。アホじゃないか、この男は！

この工事を一寸でも前に進めさせてはいけない。抗弁を封ずるには、絶対に工事を前に進めさせてはいけない。最終的には裁判闘争になりますからね。そのためには――いまは調査の段階だからいいようなものの――工事着手が土砂の運び込みまでなったら、抗弁の立証がたやすくなる。抗弁の立証をやりやすくするためにかれらは急いでいるわけです。その裏の裏まで読まないと、この闘争は気がついたときにはすべてお手上げだった、後の祭りということになったら、いけない！

わたしはこれをずっと主張しているんですが、二月十日に九条の会と六団体が県知事のところへ文書を提出しました。そのときにわたしが述べたのもいま言ったようなことですが、――「沖縄タイムス」と「琉球新報」には二、三日後にその記事が載っているはずです――どうかみなさん、この工事を絶対に前に進めさせてはいけない。テントの全面撤去はできない！　できないがゆえに、官房長官はきのうのニュースで記者が「強制的に撤去する気ですか」と聞いたときに、「いや、注意の段階だ、経過をみます」と言っていますね。それは法的に全面撤去はできないからです。

したがって高江のテントがきのう何者かによって打ち壊されたようですが、闇の物理力まで用いて、安倍官邸はなりふりかまわずこの工事を強行しようとしているわけです。われわれは絶対にこの工事を進めさせてはいけない。行政行為の瑕疵は治癒されたという抗弁を封ずるためには、

いま何をすべきか。いっさいの工事をやめさせるということです。以上です。（拍手）

二〇一五年二月二十六日

■現場のリーダーを逮捕するという失態

みなさま、ご苦労さまです。

小さな巨人、山城博治さん、お帰りなさい、と。ほんとに涙が出るほどうれしかった。

だけどアメリカ軍が前面に出たからといって、ほんとの敵と責任者は安倍一派なんですね。どうして合法的な意思表示をやっている人間をうしろから引き倒して、基地内にひきずりこんで基地に侵入したというこんなアホなこと、しかも大衆闘争のリーダーはけっして逮捕とか身柄拘束をしないというのは、警備警察の常識なんです。なぜならば、その現場でのリーダーがいないと、大衆はたんなる烏合の衆になってしまう。そうしたらその闘いはバラバラになる

し、警備するほうも大変なことになる。したがって現場のリーダーが統一したリーダーシップを発揮しないといけないんで、どのような闘争、六〇年安保闘争においても現場のリーダーを逮捕するというようなことはなかった。それを今度やったということは、いかにもアメリカ軍の無知蒙昧さを表わしているわけです。しかも山城博治だけを狙い打ちにしたと言われないために、もうひとりのひとまで犠牲にした。みえみえの弾圧です。

この黄色い線の一歩二歩中に入ったからといって具体的な侵害行為はない。たとえばこの侵入行為をやってはいけないという刑特法は日本の刑法で言えば、住居侵入、建造物侵入の特別法にあたるわけです。みなさん、ふつうの住宅の門内にセールスマンが入ってきますね、あれを住居侵入、建造物侵入と言いますか。形式的には侵入行為はあるんですが、刑法上は社会的相当行為、そして具体的な侵害も利益も害されていない、入る態様がなんら規範にも反していない、いわんやこれは憲法上の思想の自由、表現の自由をやっているにすぎないんですから。いまわたしが黄色い線を一センチでも入ったら侵入罪になるというのは、形式的な刑法解釈です。いま刑法学会でこんな解釈をするひとはいません。それを「実質的違法性論」と言って違法性阻却事由にあたる。したがってこれは犯罪を構成しないというのが常識です。

警官隊でもよく勉強している人間であったら、それをわかっている。だからわれわれが何回も向こうの方へ行ったたって捕まえることができないわけです。恐れることはまったくない。身柄をとったらむしろ警察は時間に拘束されます。四八時間内にきちんと調べて検察官に送検しなければば身柄を釈放しなければいけない。検察官は受け取って二四時間内に起訴するか、拘留を裁判官に求めるかしなければ身柄を二四時間内に釈放しなければいけない。こういう制限を受けるわけです。

したがって、みなさん、万一身柄を拘束された場合には、完全黙秘をしていっさいの調書に署名しない。名前だけは判例によると、黙秘権の範囲には入らないということになっていますが、名前も言う必要がありません。留置場でちゃんとメシを与えられて、ゆっくり休養するというつもりで徹底的にわれわれの表現の自由を自在に発揮する。われわれの闘争はあらゆる柔軟なかたちをとる。時によると、物理的な対峙もする。

安倍一派のあせりはもはや限界に達しつつあると思います。沖縄県知事がいま準備していることは、許可領域外の不法なトンブロックによる珊瑚礁の破壊、これについても報告は二十三日までにやれというのを防衛局はやっていない。これはウチナーンチュをウセーティ（「バカにしている」の意の沖縄語）いるわけですよ。バカにしているんですよ。沖縄の人間がそんなに簡単にあきらめると思うのが安倍一派のアホらしさですね。

あの河野洋平さんでさえも、安倍はもう保守政権じゃない、右翼政権だと二、三日前の講演で述べたそうです。自民党内にようやく反安倍の動きが、むかしの派閥時代の親分たちが動き出している。安倍のやりたい放題はけっして許さない！　安倍政権を一日も早く打倒することによって日本がまともな日本になる。安倍が改憲をもくろんで一日一日ほんとに巧妙にことを進めよう

としています。その安倍一派と戦うこの辺野古の闘争は、辺野古基地断念までつづきます。頑張りましょう。（拍手）

■テントは表現の自由である

二〇一五年二月二十八日

わたしたちはいまどうしてここに座り込んでいるのでしょうか。誰かの命令で来たんでしょうか。動員で来たんでしょうか。みんなひとりひとりがこの闘争の代表者として、義務感でここに参ったわけです。いてもたってもいられない、そういうひとたち、時間的にも経済的にも体力的にも許すひとびとだけがここに結集していますが、その条件を欠くひとたちはわれわれを見守っているわけです。

安倍一派は国家権力を盗み取っている。少数の投票にもとづいて、選挙制度の欠陥によって多数の議席を奪い取って、そのうえで金まみれ内閣で、法務大臣、環境大臣、文部大臣、すべて法律に反しているようなことを国会でしゃあしゃあと答弁しているわけでしょ。

きのうの「沖縄タイムス」の一面トップは、官房長官が国土交通大臣はじめ、沖縄総合事務局の幹部を呼んでこのテントを撤去せよ、と命じた。これがいかに安倍内閣にとって重要な問題となっているのかを示している。小学生でも子どもでもぶっ壊せるこんな簡単なブルーシート、だが権力はこのブルーシートをぶっ壊すことは絶対にできない。（拍手）

なぜか。日本国憲法は集会・結社、および言論・出版その他いっさいの表現の自由はこれを保障する、となっている。いっさいの自由とは何であるか。われわれがここに設営したこのブルーシートのテントは表現の自由のひとつの形態である。これを憲法の下にある道路法にもとづいて過剰な介入をしようとしている沖縄総合事務局、官憲の抑圧のもとで沖縄人をして沖縄人と闘わせようとしている。愚劣な、というよりは子どもっぽい、安倍一派の度しがたいアホらしさ、アホノミクス、アホがいっぱいいる。あのモミガラ会長とか、安倍のオトモダチをいろいろなところに配置して、NHKを乗っ取り、いまやNHKは国営放送になっているわけです。ジャーナリズム精神を失っている。

このまえここに北部国道事務所が、普通はここにいないNHKのカメラといっしょに注意書きを持ってきて、代表者が山城さんだとして山城さんに渡そうとした。代表者というのはこの闘争にはいません。したがって誰にたいして執行をするのか、できないはずだ！　みんなが代表なんだから。しかも毎日毎日ちがうメンバーがここにいるわけだから、法律上の執行ということになると、執行する執行債権者は国家だが、執行を受ける執行債務者についてはその具体的な特定の人名、法人なら法人の名前が特定されないと執行はできません。テント村に集まるひとびとは毎日異なるからその特定ができない。したがってこの全面撤去というのはできない。

表現の自由というのは憲法でもっとも高位の、強力な力をもつものです。道路法で、道路の通行妨害をやっているから全面撤去せよ、ということはできません。交通ができるように幅を狭めなさい、ということはできますが、全面撤去というのはまさに表現の自由に対する侵害であり、大変な事態です。したがってわれわれが自主的に良心にもとづいて北部国道事務所と話し合いで解決しようとして山城さんが交渉してこれをやろうとしたのに認めない、と。こういう信義に反するようなことだと、いかに安倍官邸の圧力が強いかということなんです。

安倍とは何者ですか。ファシスト以上のファシストです。安倍は特定秘密保護法から始まって、憲法改悪を最終的な目標として、この基地を作ることによってかれは延命できると思っているわけです。かれはお隣の中国や韓国とも仲良くなれないのに、五十か国以上の外国へ行って税金を投入して経済援助をして、この前はエジプトでイスラム国と敵対する国に二億ドルの経済援助をする等と言った結果、あんなことを言ったために日本人ふたりの人質が殺されたわけです。あいつははじめから人命を救おうなんてことはまったくない。はじめからアメリカの言いなりに人質に金は出さないという腹をもっていたのに、マスコミの前で涙の大芝居をやったわけですね。

かれはそうすることによって、中国包囲網、仮想敵国を中国においているわけです。中国とは沖縄にとって何ですか。中国が四千年の歴史のなかで日本を侵略したことはありますか。鎌倉時代に蒙古襲来はありましたが、あれは漢民族ではなく蒙古族でした。朝鮮半島のひとびとが日本を侵略したことはありますか。侵略したのはアジア人二千万人をぶっ殺し、三百万人以上のの日本人を犠牲にした日本軍国主義者、その東条内閣の商工大臣であった岸信介という再軍備、憲法改悪の極悪人、六〇年安保で民主主義を破壊して「民主主義を守れ、岸を倒せ」という学生や労働者が国会を取り巻いた——その孫にあたる安倍晋三や吉田茂の孫にあたる麻生某のようなお坊ちゃんたちの火遊びに日本国民がつきあうわけにはいかん！（拍手）

この新基地ができると、中国には中距離弾道弾のミサイルがあります。この基地は完全にその射程内です。アメリカはそれを一番おそれているわけです。アメリカにとって日本は二の次の国家です。日本にとってアメリカの貿易量は一五パーセントです。アジアには三〇〜四〇パーセントの貿易量をもっているんです。アメリカにとって中国は大切な隣人なんです。だから安倍の暴走にアメリカの大統領府はいつもいらだっている。しかし産軍複合体をもとにした軍国主義の一派がこの集団的自衛権を早くやれ、と安倍に命令をしているわけです。その産軍複合体のアメリカの軍国主義者にゴマをすっているのがいまの安倍政権です。

安倍政権にとって沖縄は「日本国民」の範疇に入っていない。沖縄差別！　それ以外のなにものでもない。このテントをわれわれは自主的に撤去するべきではない。行政上の行政法にもとづく撤去、ましてや裁判所をつうじての裁判上の撤去なんていうのは、法律的にむずかしい問題がいろいろある。国はできない。だから連中は、こちらが言うことを聞かないので困っちゃっているわけです。官房長官が沖縄総合事務局とかを呼びつけていろいろ工作をやってくると思うんですが、させればいいんですよ。それを全国、全世界に報道してもらおうじゃないですか。

憲法が危ないです。憲法改悪、これが安倍の最終的な目標です。憲法十四条の平等条項は沖縄にはまったく適用されていません。なぜなら沖縄は「日本国民」じゃないからです、あいつらにとって。われわれがひとりでもここに居座るかぎり、安倍にとって脅威です。頑張りましょう！

（拍手）

■朝日新聞を再評価

二〇一五年三月七日

われわれ九条の会は、去年七月から週二回来ているんですが、従来は十二時になったら帰っていました。しかしこの状況に引きづられて三時までおることにしました。

前にここで五〇年間「朝日新聞」を読んでいるが、もうやめようかなと思っていると言いました。国会を七〇〇〇名で取り巻いた反辺野古の闘争があったのに「朝日新聞」が一行も取り上げなかったからなんですが、あんなこと言いましたけど、山城さんが不当逮捕された二日後にはちゃんと社説でも社会面の記事にも大きく載っけて、社説の第一行目に「山城は不当逮捕である」と書いてありました。おとといも「辺野古移設、政府こそ一方的だ」という社説が載っていました。沖縄県の対応も、翁長さんがここの調査を始めたという対応について「菅官房長官は一方的に調査を開始したと批判」、さらに一昨日「中谷防衛相が埋立てに夏頃着手したいと答弁したと、面会を求める翁長県知事とも会おうともせず、ひたすら埋立てしようとする政府の姿勢こそ一方的ではないか」と。「朝日新聞」も取り続けることにいたしました。以上です。（笑い）

二〇一五年三月十九日

■安倍一派を生かしておくと日本が危ない

安倍一派が去年七月一日に集団的自衛権についての憲法解釈を勝手に変更し、同時にこの辺野古工事を始めるという決定をしたわけです。憲法解釈の変更というのは、本来、日本国憲法九十九条で、天皇又は摂政及び国務大臣、国会議員、裁判官その他の公務員は憲法を尊重し擁護する義務があるわけです。まして総理大臣がこの規定に反して、憲法解釈を勝手に変えて日本を戦争のできる国家にしようとしているわけです。その解釈だけでは現実的にはなんの意味もないわけですが、いま安倍一派は、あの公明党の権力にへばりつく人間どもを利用して、いかにも自民党だけでやっているんじゃないという格好をみせながら、自衛隊法その他の法律を変えようとしているわけです。

これを変えようとすることは、憲法九条に反する違憲の法律になることは明らかなんです。それをいろいろな「条件」だの、へりくつをいろいろ付けて全世界どこでも自衛隊が出て行けるようにしようとしているわけです。憲法が国際紛争を解決する手段としての戦争は放棄する、戦力は認めない、交戦権は認めない、とあるものをまったく無視しているわけです。こういう安倍一派がやっていることはまさに刑法七十七条にいう、「憲法の定める統治の基本秩序を壊乱する」ようなものです。それは内乱罪の故意にあたるものです。その意図をもって暴動をおこなった場合、これは内乱罪ということになり、その首謀者は死刑もしくは無期禁錮なんです。安倍はもしなんらかのかたちの暴動に及ぶことになれば、これは内乱罪の首魁、首謀者です。これを許しているのが日本国の有権者たちです。

われわれがここに集まること自体たいへんな力なんです。本土のあらゆる集会で、憲法の集会で、反原発の集会で発言者が言うことは「沖縄に学べ」、オール沖縄に学ぼうということです。YouTubeを見たらすぐわかります。

警察の役目というのは、警察法第二条で「警察は個人の生命、身体及び財産の保護に任じ、犯罪の予防、鎮圧及び捜査、被疑者の逮捕、交通の取締、その他公共の安全と秩序の維持にあたることをもってその責務とする」と言っている。これはあたりまえのことを言っているんですが、この次の文章をじっくり聞いてください。「警察の活動は厳格に前項の責務の範囲に限られるべきものであって、その責務の遂行にあたっては不偏不党かつ公平中正を旨とし、いやしくも日本国憲法の保障する個人の権利及び自由の干渉にわたるなどその権限を乱用することがあってはならない。」警察法二条にはそう書いてあります。

名護署がやったことはまさに憲法の保障する権利と自由を妨害する権限の乱用であったわけです。山城議長を留置したときの名護署長は先ごろ一階級上がって、ご褒美をいただきました。新聞をよくご覧になってください。十何日付で一階級特進しました。名前は個人の名誉のために言いませんが、(笑い)知っているひとは知っている。知らないひとは知らない。

このように安倍一派は、右翼ファシストの取り巻きの連中がいっぱいいるわけです。「切れ目のない」政策をばんばん打ち出しているのは、安倍ひとりの頭脳ではできない。能力のない人間、あれはたんなる操り人形です。周辺で官僚とか、右翼の議員とか右翼団体の連中とかが集団で日本をいろいろ変えようと、日本を取り戻そうということをやっているわけです。その取り戻そうとする日本とは何か。明治憲法下の天皇を主権とする国家を作り上げようとすることです。企業にたいする税金をさっ引いてその涙金で賃上げをちょっとやったというので、安倍晋三一派は自分の政策の成功みたいなことを言っているわけでしょ。いまや大企業は全部、安倍に尻尾を振っているわけですよ。

日本がいま危ないのは権力者に尻尾を振る部隊、人間たち――沖縄にもそういう人間たちが自民党という政党のもとにいっぱいいるわけでしょう。来年の参院選挙ではまっさきに抹殺すべき女ギツネが一匹います。その女こそは、安倍にすり寄って辺野古の警備は万全にやりなさいと国会で誘導発言をやった。権力の蜜をいったん吸った人間、あの公明党、あの平和の党、「継続こそ力なり」と言っていたあの原初の公明党はどこへ行ったのか。自民党にへばりついて尤もらしい議論をしながら、結局は終局的にはぜんぶ自民党の言いなりとなってきた。集団的自衛権の承認、憲法解釈の承認にもとづいて過不足なく法制を変えると言っています。

アドルフ・ヒトラーは当時の世界でもっとも民主的なワイマール憲法を、授権法という一段下の法律にもとづいて有名無実化した。憲法の条文は変えずそのままで、憲法を排除するような法律を、ドイツ共産党、社会民主党の議員を拘束して議場に入れないようにして強行採決した。あの類似の手法を安倍は使うはずです。安倍晋三を生かしておくと、日本は本当に危ないです。テロリスト安倍。われわれがここに座っていること自体が意味があるんですよ。だからひとりでも多くの県民がここに集まる。島袋文子さんとはちがって、毎日はできませんけど、入れ替わり立ち替わり集まる。

着々と工事は進める、法制化はする、このファシストの動きはまったくヒトラーが独裁権力を確立したドイツの政治史をそのまま地《じ》で行っています。われわれはおそらくいまが正念場です。この安倍を生かしつづけると、戦前のおじいちゃんたち、お父さんたちは何をしていたか、という問責を必ずされます。そのためにも子や孫のために、われわれウチナーンチュが団結しているのはそのためなんですよ。沖縄戦を忘れない！　それを胸にいだいてみんなここに集まっているわけでしょう。イクサ場の哀れ、沖縄のひとはけっして安倍一派に屈することはない！　以上です。（拍手）

■「法治国家」とは何か

二〇一五年三月二十八日

きょうはちょっとむずかしい話をしたいと思います。

雪深い秋田から集団就職の少年として上京した男は、いまや安倍晋三というファシストの親衛隊長となってこういうことを言っています。翁長さんが破砕許可を取り消すというような情報にたいして「日本は法治国家ですから、この期に及んでできるわけない」と言いましたね。かれは二重の意味で間違っています。

絶対主義王政のもとで、王様が法律とは無関係に勝手に人民を支配できたということにたいして、法治国家というのは自由主義の思想にもとづいて、法律にもとづいて行政は制限を受けるというのが法治国家の意味なんです。かれが言う「法治」の「法」というのはあの仲井眞というバカ知事を疑わしい病気入院で東京に拉致状態を経て印鑑を押させた。あれが「法」ではない。のみならず、ちゃんとした法であったとしても人権や自由を害するような法律は法治国家として認められないというのが、実質的法治と言うものです。

あの集団就職少年の安倍親衛隊長の菅官房長官が言っているのは形式的法治と言うべきものです。しかも法は、あの仲井眞のでたらめな、欺瞞的な埋立て承認なんですから、法は存在しないのですよ。法治国家の意味をわかってない。かれは集団就職当時の頭脳しかないのではないか。

いまアメリカに行っている自民党の副総裁高村某は、日本の国会でかつ国民になんの説明もなく、去年の七月一日に内閣が決定した集団的自衛権を認めるという、これを具体的に法律化する作業を公明党を引きずりこんで密室で協議をしている。国会でなにも説明もない、しかもこれは統一地方選挙を避けてそのあとで国会に出そうというのに、すでにアメリカに渡ってワシントンで手土産だというので記者会見をやっているでしょ。日本はもはや法治国家ではない。「法治」はもはやない。安倍晋三という男の「人治」である。

これにきのうの「報道ステーション」を見たひとはわかると思いますけど、あの古館も安倍に買い取られてしまいました。古館は番組への続投になったようです。沖縄の問題や反原発を作ったディレクターたちもみんな降格、あるいはほかのところに押しやられています。古賀茂明という『国家の暴走』という本を書いているコメンテーターもきのうかぎりで下ろされる。その内実は安倍官邸、菅官房長官のバッシングがひどかったからと。これを放送中に言い出したものだから、古館はあわてふためいてふたりぶつかっていたんです。これは大きなニュースになると思います。

翁長県知事が破砕許可取り消しの具体的な行動をしない時点で、会うために七回も東京へ行って、「もう会う必要はない」と鼻先で笑っていた中谷ガン、官房長官、ふたりともいまになってこの期に及んで「お会いしたい」と。お笑いじゃありませんか、みなさん。日本国憲法が明治憲法とちがうのは、地方自治を憲法で制度的に保障したということなんです。明治憲法には地方自治を保障する規定は置かれなかった。そのため法律の段階で、しかも中央集権で県知事は全部中央から派遣された官選の知事であった。日本国憲法では地方公共団体は組織と運営は地方自治の本旨にもとづいて定められる、地方自治を制度として認めたわけです。地方自治の本旨というのは、地方のことは地方の住民が民主的に決めるという住民自治と、国家と地方公共団体は地方分権として同等な立場にある、同等な権力をもつんだ、という団体自治のふたつを意味します。

いま問題になっている沖縄県漁業調整規則三十九条三項にもとづく「取り消し」というのは、この規則は憲法の九十四条で認められている地方公共団体としての沖縄に与えられた自主立法なんです。憲法九十四条は財産を、つまり沖縄県は財産を管理し、事務を処理し、及び行政を執行する機能を有し、法律の範囲内で条例を制定することができるというふうに規定しているわけです。この憲法上の保障がある、これにもとづくこの漁業調整規則にたいして、国会で定めた同じような法律があるんであればそれが規則に優位するんですが、沖縄の珊瑚礁に関する特別な規定を、県知事の規則というかたちでやっている場合、この規則も憲法上の条例に含まれるんですが、ふつうは地方公共団体の議会で議決したものを条例と言い、その地方公共団体の首長が定めるのが規則なんです。

いま問題になっている沖縄県漁業調整規則というのは一九七二年の復帰後すぐ作られ、何回も改正されたりっぱな法規なんですよ。政府はその自治権にたいしてあわてふためいているが、辺野古の作業を一週間内にやめなさい、やめない場合は破砕許可を取り消しますよ、という知事の指示は、これは取り消す前の猶予期間を与えたにすぎない。つまりこれはいわゆる「処分」にはあたらないんです。本質的にまだ取り消し行為はないわけですからね。いまはたんなる事実行為なんですよ。

　だから県知事が二十三日にああいう発表（三月二十三日〜三十日の辺野古新基地・「戦争法案」関連の事実経過参照）をやったときには、みんなワーッと勝利感に湧いて、翌日の防衛庁の動きのニュースをみたらちょっとションボリしたと思いますがね、ションボリする必要はまったくないんです。別の理由のもとづいて取り消すことはいくらでもできる。

　憲法六十八条の規定で、国務大臣は内閣総理大臣によっていつでも任意に罷免される、クビを切られるということになっています。したがって農林大臣が安倍晋三という男に反するようなことは絶対にできない。ましてや安倍内閣は全部ファシスト、「右」の人間を集めたオトモダチ内閣なんだから、すでに申し立てられていることにたいする結論は見えています。しかしこれはなんの意味もない。たんなる指示であって、処分ではない。行政上取り消すまえに一週間の猶予を与えたにすぎないわけですよ。それを認めませんとか、執行停止をやるなんているのは、根本的に法律的に間違っている。バカじゃないかと言いたいね。バカなことを正々堂々とやるのがヒトラー以来のファシストの伝統です。

　どういう法律的な場での争いになろうと、闘いの雌雄を決するのは山城さんを中心とするわれわれの現場のうねりですよ。怒濤のような現場の闘いと、かれがいつも言うように。博治さん、元気になってくれておめでとう！（拍手）

■被疑者拘留の問題点と知事の作業停止指示への農林大臣の対応の不当性

二〇一五年四月二日（名護警察署前にて）

みなさま、ご苦労さまです。うるま市具志川九条の会共同代表をしている仲宗根勇です。拘留請求が認められたとすれば、それは不当です。なぜ不当であるか。拘留が認められる理由には三つあります。被疑者が住所不定であること、証拠隠滅のおそれがあること、逃亡のおそれがあること、この三つです。本件のばあい、まずこのひとはおそらく住所はあるでしょう、住所不定ではないと思います。（あります、の声）証拠隠滅のおそれがありますか。（ない！の声）なぜないかと言えば、——証拠隠滅のおそれというのは、すでにある証拠をひっくりかえすように被疑者が証拠を偽造したり、証人を脅迫したりして新たな証拠をつくるということであって、本件のように公務執行妨害というような場合には通常すでに警察は十分な証拠を、現場写真などをもっているわけです。これ以上の証拠はない。したがって証拠隠滅のおそれもない。三つ目。逃亡のおそれがあるか。（ない！の声）いま沖縄県の八〇パーセント以上の人間が反対している辺野古の埋立てを安倍の勝手にはさせないという、県民の意志を代弁しているこの青

年が逃走するはずはない。こういう県民と歩調を合わせて、いま沖縄県民にとってきわめて重要な歴史的な時点を迎えている。これに参加するようなひとが逃走するはずはない！

したがってすべての要件は認められないので、わたしが裁判官時代はこの類型の拘留請求はすべて却下いたしました。拘留請求ができずに釈放されるものとぼくは思っています。（みんな思っている、の声）憲法とそのもとにある刑事訴訟法をほんとに勉強した裁判官であれば、憲法の思想・表現の自由のために闘っている人間の一片のからだの動きを公務執行妨害という名目で拘束して拘留までするなんていうのは、本当に愚の骨頂、バカげた試みです。

（立ちはだかっている機動隊員に向かって）おまえたちは憲法をちゃんと勉強してますか。国家公安委員会、そのもとにある警察庁、国家公安委員会から県の公安委員会の同意を得て沖縄県警本部長が任命されるんです。この県警本部長の指令のもとでおまえたち、沖縄の若い警察官たちは働かされているわけです。同じ沖縄人をして沖縄人と闘わせる。

わたしはいつも言うのですが、あなたたちにわれわれは憎しみは全然もってない。むしろ、哀れみをもっている。あなたたちはまったくのモノとして権力者たちに使われているだけだ。そしてあなたたちが一生懸命になればなるほど前の名護署長は一階級特進したじゃないか。いまの名護署長もまた同じように業績をあげてあなたたちを出世の材料にしようとしているだけなんだよ。

警察官はややもすると視野狭窄になる。見る範囲がだんだん狭くなっていく。しかしあなたたちは日本国憲法および法律を遵守し、良心にしたがって職務をおこないます、と辞令をもらうときに宣誓したでしょう。警察官はなぜみんなマスクで顔を隠すのか。公務執行をする人間は公明正大にやるべきなんだよ。顔を隠すのは心に恥じらいがあるんじゃないの。（拍手）あの指導者連中はそのうえに黒メガネまでかけている。ひどい話です。

拘留の延長というのは、まだ調べることがありますというので、裁判所に資料を出して裁判官に申し立てるんですが、最初の拘留というのは十日間、もっと調べる必要があるというときに拘留延長十日間、逮捕からの七十二時間とあわせて最高で二十三日間がぎりぎりですね。

これはおそらく計画的な身柄拘束だと思います。（間違いない、の声）すでに状況が極限に達したときに、翌日には機動隊はすぐ県警本部長の命令一下、ひとりは逮捕しなさい、と。命令がなければ逮捕はしない。逮捕というのは捜査の側にも時間的な制限がある。警察が逮捕したら四十八時間しかもてない、これを検察庁に送ったら検察官はそのときから二十四時間内に判断しなければいけないことになっているんです。これではできない、もっと証拠固めをする必要があるというんで、拘留を認めたというのであれば、あきれてモノが言えない。どんな裁判官か。誰がやったか。おそらくぼくも知っている人間だとは思う。後輩です。（しばり首だ、の声）

新しい名護署長はこういうことでまた業績を上げて上に認められて、一階級特進を狙っていると思います。そういう小さいことで、いま歴史のうねりの沖縄の最大のこの時代を見誤ってはいけない！　警察官の諸君。あなたたちの業務の内容は県民の身体、財産を守り、道路の交通をちゃんと整理する、これに限られるべきであって、いやしくも憲法が保障する人権自由を害する乱

用があってはならないというのが警職法二条二項に書いてある。（拍手）

沖縄の現在、翁長知事の工事停止の指示にたいして農林大臣がその指示自体の一時停止をやった。この事態をどうみるか。行政不服審査法というのは、国民が個人や法人もふくめて権利や利益を害されたときにその処分をした上級庁に不服を申し立てることができるという、国民にたいしてきわめて簡便に行政の不当性を訴えるための法律なんです。つまり、この法の趣旨は、国民、個人がたとえば課税処分によって不利益を受けたとか、飲食店の許可を取り消された、というふうなときに県の直近の上級庁省にたいして不服申し立てをするということなんです。

こんど農林大臣がやったのは、水産資源保護法という法律にもとづく沖縄県漁業調整規則にもとづいてやったものについてのものですが、その水産漁業関係を所管するのは農林大臣である。沖縄県知事の直近上級庁は農林大臣だということで、行政不服審査法の第五条によって農林大臣が審査をしたわけです。審査結果については県から意見書も出ないうちにすでにマスコミで、農林大臣が一時停止するなんていう報道が「朝日新聞」なんかでされていた。これはおかしいでしょう。そして知事の指示についての審査自体はいつまでやるかわからないと。つまり審査自体は長引かせてその間に工事を「粛々と進める」と。あいつらの言う「粛々と」ね。それを狙っているわけです。

ちょっと残念なのは、こんど翁長さんがやったのは「工事を一時やめてほしい、七日間でやめなければ前の県知事がやった岩礁破砕許可を取り消すことがあります」と言ったわけですね。その指示にもよるわけですが、仲井眞県知事時代の許可の条件は、そのほかに申請外の工事をし、または付した条件に違反した場合、許可を取り消すことがあると定めているわけです。つまり申請外の行為、あのサンゴを無惨にトンブロック45トンで押しつぶしている地元紙に載ったあの写真だけで申請外の行為をやったことは明らかでしょう。（そうだ、の声）

つまり県知事がやった指示に従わない場合は取り消すという理由のほかに、あのトンブロックによってサンゴが打ち壊されているという証拠とともに、いまからでもすぐに取り消せるわけです。

前の二十三日にやった県知事の指示は「七日間猶予しましょう、それでもやめないときは取り消すことがありますよ」と猶予期間を言っただけなんですよ。つまり「処分」にはあたらない。行政処分という直接的に行政行為をすることによって、――ただちに効果が直接に出てくる場合にこれを行政処分と言うわけですが――今度の場合はその「処分」にはあたらないわけです。これは県もそう言っているようですが。そしてもっともおかしいことは、農林大臣の一時停止の理由として普天間の騒音が継続する、日米関係に影響する、なんて言っている。

農林水産関係法令の主務大臣である農林水産大臣が沖縄県の直近上級の官庁として審査をやっているわけです。したがってこの水産資源保護の観点からの工事停止の理由を本来書くべきなんですよ。それを安保条約だの、普天間の騒音が継続するだのと言うのはおかしい。たった三日間の調査のための工事を停止してほしいというのに日米関係まで持ち出すなんていうのは、これは

まったくバカですよ。理由はまったくなってない。つまり農水大臣のあの決定の理由は理由になってない！（拍手）

なぜ一時停止するのかと言うと、本来ならば、このままではほんとに漁場が危ない、岩礁が壊されているなと、それで一時停止はせず三日間工事はやめなさいと言うべきなんですよ。これが農林大臣の主務大臣としての役目なんです。それを安倍官邸が言うような、日米関係に影響する、普天間の騒音がつづく、と。いままでだってつづかせているんじゃないの、それをことここにいたってこれを理由に言うなんて、何をいまさらと言いたいね。

そしてこの期に及んで、スカスカの菅官房長官、頭がスカスカなのか心がスカスカなのかわからないが、あさって県知事にお会いしたい、と。西普天間の返還式典に出席することにかこつけて、この期に及んでこうべを垂れるのはいやだから式典に参加するんだと言ってますね。

われわれはなにも心配することはない。悲観することもない。破砕許可取り消しの問題は、公有水面埋立法にもとづく埋立て承認を取り消すこの闘いの前哨戦なんですよ。行政不服審査法にのっかって、本来、個人と国家間の不服申し立てを簡便にやれる法律なんですが、それを国も私人と同じだとして、この法律を脱法的に悪用しているわけですね。しかし、これがかりに審査請求どおり認められたとしても、申請外のトンブロックによって岩礁が破壊されていますので、前の知事の許可条件――申請外の行為をしたときには取り消すことがある――の違反にあたるわけです。

これはべつに仲井眞さんが偉かったわけじゃなくて、沖縄県漁業調整規則三十九条三項にもとづいて当然つけるべきものであったわけです。これがいまわれわれの闘いの武器になっているわけですね。そういうことでわれわれはなにも悲観的になってシュンとする必要はない。闘いはこから！　闘いはいまから！（拍手）

■県警の暴力は安倍晋三から出てくる

二〇一五年四月四日

さきほど暴力の話がありましたね、暴力はどこから出てくるのかと。ここに立っているあの若い機動隊員のみなさん、巡査とかね、そのうえに巡査部長、警部補、警部、警視、警視正とか、こういうふうにあるわけですね。県警の暴力の源はどこから出てきているのか。

総理大臣の所轄のもとに国家公安委員会というのがあって、そのもとに警察庁があるわけです。で、沖縄県警本部長というのは——どこの県警の本部長もそうですが——、国家公安委員会がその県の公安委員会の同意を得て任免するわけです。そうすると暴力の源は、国家公安委員会を所轄する内閣総理大臣、これの命令が国家公安委員会に下りてきて、国家公安委員会が県警本部長に命令する。その県警本部長が各署に対して、この警備についてどうするこうするを命令する。

この県警本部長はつまり国家公安委員会のもとにあり、この国家公安委員会の委員長は内閣の国務大臣が就いているわけです。つまり、内閣総理大臣安倍晋三の意志が暴力の源泉であるわけですよ。

で、海保の暴力はどこから出てくるのかというと、海保も内閣総理大臣のもとにいる国交大臣、いまは公明党の人間が就いているわけですが、海上保安庁長官というのがその国交大臣の指揮監督下にあるわけです、原則として。ただ漁業関係の問題については、農水大臣の指揮監督のもとに入る。あるいは出入国関係の問題については法務大臣の指揮監督を受ける例外がある。で、ここにいる「海猿」と言われているような海上保安官は、海上保安庁長官の指揮命令のもとで動いているわけです。

だから海上保安官→海上保安庁長官→国務大臣→内閣総理大臣へと、すべて暴力は安倍晋三という男！　あいつから源を発しているわけですよ、法律的に。

きょう、あのスガスガスカスカ菅官房長官、心もスカスカなのか、頭はもっとスカスカじゃないでしょうか。辺野古問題を唯一最大の争点として闘われた名護市長選挙、名護議会議員選挙、県知事選挙、そして衆議院議員総選挙。移設反対派はすべてに勝ったにもかかわらず、民意は不明である、と。反対者に反対するひとも多くの民意があるなんてね、ああいうことは民主主義のイロハも知らない人間が言うことですよ！（拍手）

しかし、いま、絶対に内閣は追いつめられています。きょう、ここにね、彼、菅官房長官があの普天間西地区の返還の儀式にかこつけて——前はその儀式も出ないと横着に言っていたでしょう——、恥じらいもなく出席したついでに、県知事にお会いしたいと。これは何を示していますか？

全国——安倍の言葉じゃないが——「津々浦々」に、辺野古に対する反対運動が広がっているんですよ。昨日の「朝日新聞」に載っていましたが、辺野古移設推進は地方自治を侵害しているというんで、愛知県の岩倉市議会、そして長野県の白馬村議会が議決した。（拍手）そして東京の良心があるひとたちは、中央のメディアはもう信用できない、だから沖縄の新聞を購読しているんだと、わたしのところにメールがたくさん入っています。

長々としゃべれば山城博治さんが休憩できるとわたしは思って、後輩思いのためにね、ムリして話しているんですよ、みなさん。（笑い）われわれの闘いは、さきほど田港のおじいさんもおっしゃったように、笑いとね、そしてしなやかさ、しかし闘争の原点は決して忘れない。この闘争を勝利するのは、ゲート前に集まったわれわれ！このわれわれの闘う意志がつづくかぎり、どういう法的な手段を脱法的に安倍内閣がとろうと、われわれは負けない！（「シタイヒャー」の声、「よくやった」と賛意《さんい》のあいの手を入れる際の沖縄語）必ず勝利する！（拍手）わたしの話はヘリクツじゃありません、つねに正論である！（そうだ！の声）だからちょっとサービスで、わらべうたで終わりにしたいと思います。（笑い）

♪もしもしアベよ、アベさんよ
日本のうちでおまえほど
わたしを知らぬものはない
どうしてそんなにアホなのか
なんとおっしゃる憲法さん
そんならおまえとかけくらべ
改憲峠の向こうまで
どちらが先にかけつくか
ああオソロシイ　オソロシイ
サイナラ　サイナラ～

二〇一五年四月十一日

■続く海上保安官の暴力の悪辣さ

皆さま、ご苦労さまです。
きのう藤本監督と影山監督が作られました新しいＤＶＤ（「速報　辺野古のたたかい　二〇一五年一月～

三月」）を買って見ました。本当に海保の暴力はひどいですね。あの海上保安官なるものは何者ですかね。いたぶるように若い女性を海に沈めて、ただ憲法上の表現の自由を行使している人間に、カヌーに飛び乗って、溺れさせる、首を絞める。これは明らかな犯罪です。（そうだ、の声）

人間が人間を拘束する、これを逮捕と言いますが逮捕ができるのは、現行犯の場合、誰でも逮捕権があります。私人にも逮捕権があります。そのほかは憲法およびその下にある刑事訴訟法にもとづいて、特別に逮捕権限を与えられているのは、検察官、警察官、そのほかに特別公務員ということで、逮捕権が認められている職種があります。たとえば皆さんご存じのようにあの「マルサの女」。税務関係の捜査にたいして。それから労働基準監督署の監督官、労働基準法に反している工場に立ち入り検査ができる。それから麻薬取締官。

この海上保安官もその一種なんです。特別公務員がひとを権限なく逮捕や監禁したりすれば、特別公務員職権乱用罪、これは刑法百九十四条で、六月以上十年以下の懲役又は禁錮に処する。暴行又は陵辱もしくは加害の行為をしたときは七年以下の懲役又は禁錮に処する。百九十五条、つまり特別公務員、海上保安官が暴行または陵辱したとき、陵辱というのは暴力以外の方法で精神的または身体的に苦痛を与えること、もしくは加害の行為をしたときには七年以下の懲役または禁錮。そういうことによって傷を負わせたり死にいたらしめた場合には、もっと重い罪が準備されています。

かれらがやっているのはまったくこの条項にすべてあてはまるわけですよ。（そうだ！の声）カヌー隊があれだけ平穏な意思表示をやっていることにたいして積極的に加害を行なっている。これ自体、日本全国に発信したいわけですが、藤本監督らの『圧殺の海』を見た本土の友達が「あんにひどいとは思わなかった」、とすごくびっくりしているわけです。海上保安官というのは海洋汚染を防止するのも、かれらの仕事の中身なんです、海上保安庁法によって。その海上がトンブロックによって汚染される。むしろ工事をするかれらを止めるべきなんですよ。（拍手）

ひとえに安倍官邸から国土交通大臣、海上保安庁長官、海上保安官という指揮系統によって暴力行為をやれ、と。暴力を使ってでも工事は進行させるという安倍官邸の強硬なファシスト的な暴力ですよ。（そうだ！の声）あの画面を見ていると、かれらはもはや公務員ではない。海のオオカミですよ。海猿じゃない。わたしのことばで言えば、「海狼隊」と呼びたい。海賊よりもっとひどい。海賊にはそれなりのルールがあります、国際慣習法によって。あいつらにはもうルールはない。いたぶっているんだからね。楽しんでいるようにも見える。これは沖縄県全体が告訴するべきですよ。ここの犯罪行為ももちろんですがね、捜査活動全体が違法行為である。海上保安庁、東京霞ヶ関で警備方針が綿密に立案されているわけです。われわれの現場の闘いがいちばんの工事強行の障害になっているわけです。

安倍という人間はそれほど頭のいい人間ではありません。しかし安倍を取り巻く右翼ファシスト、安倍内閣が「切れ目のない」政策を打ち出しているわけでしょ。それはいちいち安倍がやるときもあるし、安倍の意を汲んだおべんちゃらな茶坊主たちがやっているわけですよ。

状況はかならずしも楽観はできなくなってはいるんです。県知事が七日間工事を止めてほしい、そうしなければ前の知事がやった破砕許可を取り消すこともありますということを言ったわけでしょ。（辺野古新基地・「戦争法案」関連の事実経過　二〇一五年三月二十三日―三月三十日参照）農林大臣がそれを脱法的に法律の行政不服審査法という法本来の主旨に反して、自分たちの所管だというんで、翁長知事の指示を「行政処分」と見て、それを一時停止するという決定をやっているわけです。つまり七日間の進行はしない、と。いまそういう状況になっているわけでしょ。わざと長引かせて、工事を進行させようというのはいつになるのかわからんと言っているわけです。その全体を審査するという悪辣な試みなんですよ。これにどう対処すればいいのかと言うと、あの一時停止の行政行為というか、翁長知事の指示自体を、わたしの考えでは撤回したほうがいいんではないか。そうすれば本体の審査そのものができなくなる。破砕工事の取り消しは許可行為以外のことをやったということを理由に取り消しができるわけです。三月二十三日の県知事の指示にもとづく取り消しじゃなくて、別の理由によって取り消せばいいわけですかね。

これから重要な局面を迎えると思いますが、現場は負けずに頑張りましょう！（拍手）

■行政行為の瑕疵の問題

二〇一五年四月十六日

みなさま、ご苦労さまです。具志川九条の会の仲宗根勇です。

古来、昔から悪徳な支配者が使う手は、アメとムチです。安倍一派は翁長さんが当選した直後から最近にいたるまで、ムチを使いつづけました。面会もしない、絶対妥協もしない、そういうことを言っていましたが、最近になって軟化しつつあるというのはどういうことでしょうか。お会いしたい、いつでも会いたい、これは国民の眼をだます、要するに沖縄を差別している、邪険にしているという世論がだんだん巻き起こりつつあるのを鎮めようということ、のみならず、四月の末にあの安倍晋三とかいうウソつき男が、アメリカに行って大統領と会談する、アメリカ上下両議院合同会議で演説をする、ガイドラインを改定するというときに、アメリカの懸念は沖縄県民が反対しているんじゃないかということがずっとあるわけですね。それを鎮めるというか、言い訳としてね、ちゃんと沖縄県民は自分の「アンダーコントロール」にあるということを言いたいわけですよ。

あの男はオリンピックを誘致するために世界じゅうで、福島の汚染水は「アンダーコントロール」、支配されている、ちゃんと管理していると、真っ赤な嘘を平気でつく、二枚舌三枚舌の男なんですよ！（そうだ！の声）この期に及んでね、沖縄県民と交流していると、ちゃんと民主的に話し合いをもっているということをね、言いたいがために、官房長官、防衛省長官、首相も、会うということを最近言い出しているでしょう？　おかしいじゃないの。

いまやムチの時代からアメの時代へとだんだん手法を変えてきつつあるわけです。北部地域でテーマパーク建設を計画している民間会社を日本政府が後押しして沖縄にもってくると、きのう官房長官は記者会見であんなことを言ったでしょ？　これは県民に対する明らかなアメですよ。

前の県知事の知事公室長ですかね、又吉という男を県庁から外務省に引っ張り出した。それの意味するところは何でしょうかね。それは仲井眞県知事がやった埋立て承認の瑕疵。これをいま、第三者委員会が調査しているんですが、もっとも重要な調査は関係者から証言をとるということなんですよ。内部でいかなる手続きをとるべきであったのか、その手続きを抜かしているのではないか。そのときに彼が本当のことを言わないように、証拠隠しのために外務省が引き取ったわけでしょ。

　行政行為の瑕疵の原因には、わたしの考えではだいたい四つあります。まず行政主体に関する瑕疵。行政行為をした行政主体についての瑕疵があるかどうか。つまり行政主体というのは当時の仲井眞県知事、その主体に問題はなかったか。東京の病院で隔離して、そしておそらく抵抗でき

ないような脅迫をやったと思う。それはつまり、意思能力として、行政主体の意思に欠缺《けんけつ》があったと、欠陥があったということになるわけです。正常な意思にもとづいて、行政行為はおこなわれなければいけない。これが法律の基本です。埋立て承認をした仲井眞の意識は正常であったかどうか。正常であったら承認するはずはない。脅迫か、もうひとつあるのは三〇〇〇億円以上の資金を八年間にわたって沖縄に予算としてあげるというね、いうなればこれは贈賄行為です。贈賄にもとづく意思表示、これも瑕疵なんです。これが主体についての瑕疵。

次は内容についての瑕疵はないか。これはまったくたくさんあるわけですね。アセス法にもとづく多数の欠陥があるということをね、あの仲井眞知事時代にちゃんと「知事意見」で言っておきながら、その日時が経たんうちに、これを無視して、承認をやっちまった。環境保全はあのままではできないという知事意見をみずから出しながら、承認した。これはつまり埋立て承認に内容上の欠陥がある、瑕疵があるということになるわけです。

次に問題なのが手続き上の瑕疵はないか。つまり、あの埋立て承認は、事務当局は承認と不承認の書類を準備していたそうであります。ということは、本来、県の方針というのは関係部局が庁議にかけて、その結果を代表者としての県知事が発表するだけの話です。しかし、仲井眞知事の埋立て決定はおそらく庁議を経ていない。そうすると仲井眞一人の、庁議を経ていない、手続きに欠缺のある決定ということになるわけです。これが手続き上の一番重要な問題じゃなかろうかと思う。それが、その調査を隠すために、又吉進を証拠隠滅のために、引き上げてしまっているんではないのか。いま、国会議員の玉城デニーさんがさきまわりしてね、アメリカに行っているそうなんですが、これは非常にすばらしい。四月末の訪米で安倍が嘘をつく前にね、本当は翁長県知事がさきまわりすべきだったんですよ。

見つけるべき瑕疵はもっとたくさんあるんですが、あとはまあ形式的な瑕疵ですね。埋立て承認の決定にちゃんと署名はあったか、日付はあったかとかね。そういう形式的な瑕疵ですが、それはおそらくないんじゃないかと思いますがね。

だいたいそういう四つの瑕疵を細かく探していく、証言を求める、県庁職員のね。これをするのに三、四ヵ月かかるはずはないんですよ。もっと早く結論を出して埋立て承認を取り消す。（拍手）「取消し」と「撤回」は違います。「取消し」というのは、こういう行政行為に瑕疵があると、取消し原因があるということで、取り消すことによって、既往にさかのぼって、つまりもとに戻った時点から無効になる。「撤回」というのは行政行為が公益に反するということで、瑕疵があるなしに関係なくおこなえる。「撤回」はその時点からしか効力は生じないというのが原則です。「取消し」と「撤回」は概念が違うわけです。県が取り消すのか撤回するのか、それはどの理由に基づくかに由るわけですね。あるいは両方理由にすることもありうる。

かりに瑕疵が治癒されてしまう事態が生ずる、つまり工事が進行してしまうと、瑕疵がいくらあっても瑕疵は治癒されてしまう。病気が治るのといっしょです。病気は自然に治ることもある、お医者さんが治すこともある。この治癒される事実は、工事がこれだけ進んで何億円も入っていると、工事進行というのは主張するほうが立証することになっているんです。立証責任は政府にあるわけですね。だからこそ海上保安庁、県警機動隊を動員して一寸でも多く工事をしようとしているこの陰謀は、本当の意味はここにあるんです。県庁・県知事は一寸の光陰軽んずべからず。以上。

■安倍の狙いは憲法の明文改憲

二〇一五年四月十八日

みなさま、ご苦労さまです。

きのうにつづくきょう、みなさん、ほんとにさわやかなお顔ですね。ほんとに気持ちのいい日です。

おとといい、わたしはここで、安倍一派は翁長さん当選後は、ムチを使って、翁長さんが七回も上京して会いたいというのに、会う気持ちはない、鼻でバカにしたような、薄ら笑いを浮かべながら面会を拒否していた。それはムチを使って翁長さんの気持ちを変えようということであったわけですが、おとといい、わたしは総理大臣が翁長さんに会いたがっているんだと、それはアメをぶら下げて、同時にアメリカに渡ったときにオバマ大統領に沖縄とはちゃんと話し合いをやっているんだというアリバイ作りのためであり、アメリカの上下両議院合同会議で演説する、防衛のガイドラインを改定する、そのために沖縄を邪険に扱っているわけではないということを、またアメリカで、あのオリンピックを招致するために福島の汚染水は「アンダーコントロール」、管理されているという真っ赤なウソを平気でついたように、またアメリカへ行ってオバマ大統領に同じようなことをするんではないかと、そのためには一度でも会っておかないと、さすがにあの二枚舌のウソつきの安倍晋三でもまずいんじゃないか、と思ったのではないか。（「三枚舌、四枚舌」の声あり）

　かれらは最初からムチをつかって翁長さんを翻意させようとしたことに失敗して、この期に及んで、しまったなあと思っているはずなんですよ。それで急遽、総理大臣は会いたがっているはずだと、おとといわたしはここで演説しました。ここから帰って四時ごろ家に着いたら、なんと官房長官が突然の記者会見で、あす翁長さんと会見すると、テレビで記者会見をやっているじゃありませんか。九条の会の仲宗根勇はユタか三世相《サンジンソー》（戦前からつづく占いをする民間の易者。ユタとは異なり、スムチー（書物）とかムヌシリ（物知り）などとも呼ばれる）か、（大笑い）政治の先を読みすぎていたんじゃない

かとわたし自身びっくりしたんです。

さて、あの会談、どっちが総理大臣か。普天間基地の負担軽減、辺野古は唯一の選択肢である、このふたつしかかれらには言語はない。言語の貧困、哲学の貧困、政治の貧困。まさにかれらの知的なレベル、政治的なローレベルの安倍一派という右翼の連中を、各機関、NHKのモミガラ籾井会長を配したように、あらゆる政府機関に新自由主義、歴史修正主義者、アウシュヴィッツもなかった、南京事件もなかった、こういうウソを教科書にまで反映させようとして、あらゆるところに切れ目なく安倍流の反動的な戦前の戦争政策を遂行しようとしている。それをずっとやっているわけです。

安倍はおそらくアメリカに行ってこう言うでしょう。沖縄の基地の負担軽減については政府も沖縄も共通の認識をもっております、と。あいつが言うことはここまでだと思います。沖縄の民意はすべての選挙において、八〇パーセントは圧倒的に政府にたいして反旗を翻している。これを言ってください、と知事が言いましたがね。官房長官は言葉を濁して、それはわかりません、なんて言っていたでしょ。ひどい連中です。

安倍の究極の目的は、憲法を改悪して明文改憲をする。いまは条文はそのままにして、解釈改憲というかたちで戦争立法を自民党と公明党が秘密で勝手に協議しているところです。存立危機事態とか、重要影響事態とかのいろいろな「事態」概念をつくり出して、法律を学び始めた書生が使うようなことば遊びをして、いかにも公明党がブレーキをかけているんだみたいなことをやっていますが、終局的には公明党も自民党の言いなりになります。歯止めなんかかからない。この世論操作のための、自民党副総裁高村、公明党の北側、あの連中が終局的にめざしているのは、この辺野古新基地を作って、そのうえ憲法を明文改憲をすることです。

いまの日本国憲法が――安倍晋三は憲法の制定史なんかもなにもわかっていない――八日間でGHQに押しつけられたなんていう押しつけ憲法論を平気で言って、櫻井よしこなんていう右翼の女がマッカーサー草案に関係したのは、みんな憲法の素人であったなんてことを「朝日新聞」紙上でずらずらしく語っているわけです。とんでもハップンですよ。なんにも知らない。

憲法はたしかにマッカーサー司令部が当時の政府にたいして、ポツダム宣言を受諾したから、天皇主権から国民主権になった、あれを受諾すれば国際的な義務が生ずるというんで、当時の日本政府に憲法を作りなさいということで、憲法草案を当時の幣原内閣が委員会を作って、東大の憲法の先生なども入れて出されたものは、まったく明治憲法の字句を変えただけの、旧憲法を焼き直しただけのものだったわけですよ。それをGHQは見て、絶望して、こいつらには任せられないということで、自分たちが、アメリカの法科大学院を出た法律家とか、みんな優秀なひとたちが古い人権宣言や日本の民間草案も全部研究して草案を作り上げたわけですよ。それを日本政府に上げて、英文の状態を日本語に置き換えるさいにも自主的に日本政府の流れに沿うた改正案を作って、それを審議するために、初めて婦人参政権を認めた国会議員選挙を行なって、三十九名の婦人議員が出てきて、改正案を自在に修正審議し条項を新しく加えて、三か月余り四か月近い、当時の議会で審議してできた、内容的にも主権在民、平和主義、人権の尊重、これほどすばらしい憲法はありません。

この憲法を安倍は改悪しようとしている、最終目標を明文改憲にもっていこうとしている。これを阻止するには来年の参議院選挙、また同じように不平等な一票の価値にもとづいて不平等な選挙制度にもとづいて選挙をやると、三分の二を参議院でもとってしまうと、衆議院ではすでに三分の二をとっているから、国会で明文改憲の発議ができる。国会が発議して国民投票にかける。国民投票ではそんなに簡単には通らないと思いますけども、いまの日本国民、四十何パーセントは棄権する、政治に絶望している、五十数パーセントしか投票に行かないというときに楽観はできない。

われわれ九条の会は、その選挙を沖縄で闘うときに、来年の参議院選挙で決定的にやるべきことは、あの女ギツネを蹴落とすことです。沖縄が全国に発信できていま日本全国にこの闘争が広がりつつあります。具志川九条の会は全力を挙げて、からだを張って、この闘いとかかわり、安倍改憲クーデター内閣を打倒するまで闘うことをここで誓います。

■辺野古問題と憲法危機は連動している

二〇一五年四月二十三日

みなさん、ご苦労さまです。

やはり山城博治さんの話からしないといけないですね。火の出るようなアジテーションと春の小川のようなさわやかな、さらさらと流れる情感、涙、唄、踊り、本当にこの種の闘いで新しい闘争の形をつくりあげた。日本のどこにもない、ここでの闘い。これはニュータイプの民衆運動であります！（拍手）山城博治は前原高等学校のわたしの愛すべき後輩であります。したがって

わたしは彼を休ますために、ここに来るごとにわたしは長々と演説をやっております。彼を休ますためでありました。それで城間さんとか大城さんにもわたしは前々から、万一なにが起こるかわからんので、あなたたちもここでの山城さんの指揮、われわれをここで意気をあがらせるような現場指揮の仕方、ちゃんと見ておいて、あとあと、というかもし万一のときにそなえておくようにと、言っておきました。……それがあたってしまって。わたしはユタのように、透しができるんですね。

しかし安倍晋三という男の行動だけは見通せない。なぜならあいつは二枚舌三枚舌を使って世界じゅうで嘘をばらまいている。

福島の汚染水、原子力発電所の汚染水は管理されていると、「アンダーコントロール」されていると、オリンピックを誘致したいがために堂々と嘘をついて、いまなお福島の汚染水は海に流れ出ているでしょ。わが翁長県知事と、菅官房長官、安倍内閣総理大臣。威風堂々たるわが翁長さんの前ではなんと小人物に映ったか。（拍手）彼らの言葉はただ二つ。辺野古に基地をつくるのは唯一の選択肢である、普天間の基地は早めに危険の除去をしなければならない、この二つの政治言語しかもってないわけです。なんたる連中か。言語の貧困である、政治の貧困、哲学の貧困。

（「その通り！」の声）

わたしはきょう以降は、長々としゃべる理由はなくなっているんですが、山城さんがこの現場に戻るときまでは、少し短めに話していきたいと思います。きょう、わたしがここに立っているのは、うるま市具志川九条の会の共同代表であると同時に、うるま市島ぐるみ会議の共同代表としても選ばれましたが、きょうは九条の会の代表としての話をしたいと思います。

三、四週間前に、ここでの抗議行動を終わって、わたしたちは辺野古の住民である嘉陽のオジイの家に呼ばれました。九条の会の旗を持って、十名内外、あのオジィの家にね、行きました。なぜ行ったかというと、オジイが具志川九条の会に入りたいと。砂糖天ぷらを準備して、われわれを待っていてくれて、奥さんも、娘さんですかね、いっしょに歓待を受けながら、なんとね、カンパ一万円、いただきました。そして九条の会に入会していただき、いろいろなお話をうかがいました。

この辺野古移設反対の闘いと、憲法を改悪する安倍晋三一派の行動に反対するわれわれ九条の会にとっては、二輪の動きであるわけです。まさにふたつは連動しているわけです。憲法改悪を許さない、新基地建設を許さない、これは同じ二つの言葉なんです。同一の問題なんです。

大江健三郎さんとか澤地久枝さんとかがはじめた「九条の会」、このお二人を中心にして三月十五日に東京で、全国の討論集会がありました。そこで沖縄からも参加してほしいという連絡があったようですが、三十五、六ある沖縄の九条の会のなかでどこも動きはないもんですから、わたしが書いた具志川九条の会のメッセージを送りました、その大会に。そのメッセージを読みあげさせてもらって、きょうは短いながら終わりにしたいと思います。

いま、沖縄においては米軍普天間飛行場の移設と称して、名護市辺野古沖への新基地建設の埋立て準備工事が安倍政権によって強権的に推し進められています。昨年の名護市長選挙、同市会議員選挙、沖縄県知事選挙、衆議院議員総選挙のすべての選挙において、辺野古新基地建設に反対する沖縄県民の民意が明確かつ圧倒的に示されたにもかかわらず、安倍官邸は前知事の欺瞞的な埋立て承認を錦の御旗にして、防衛局や海上保安官、県警機動隊の目に余る国家暴力を動員し、海上や辺野古米軍基地ゲート前に毎日二十四時間にわたり結集する多数の県民の抗議活動を物理的に排除し、憲法上の思想、表現の自由を侵害する憲法違反行為を平然とつづけています。

米軍との軍事一体化と戦争国家をめざし、憲法破壊の反憲法クーデターともいうべき政策や政略を、それこそ「切れ目なく」くりだしている安倍政権は、米軍・自衛隊共用となるであろう辺野古新基地建設を強行することで、同時に憲法改悪の道への一里塚をめざしていることはもはや明らかです。まさに辺野古問題と憲法危機は連動しています。

あらゆる法の概念を根こそぎ無視し、日本国憲法の立憲主義を崩壊させ、いまや安倍独裁と化した安倍政治の正体は沖縄においてはっきりと顕現しています。

新基地反対の「オール沖縄」で誕生させた翁長新知事は、前知事の埋立て承認行為の法律的瑕疵の有無を検証し、その承認行為の取消しを視野に入れています。うるま市具志川九条の会は、会員多数で毎週二日、辺野古での抗議集会に参加し、集団的自衛権にかんする市議会への陳情、辺野古対応についての県知事への働きかけ、新聞への投稿、講演活動等によって、辺野古基地問題にあらわれた安倍ファシスト政権による憲法危機と対峙しています。九条の会全国討論集会に結集された全国各地の九条の会とともに、安倍改憲内閣打倒をここにお誓いして、闘う沖縄からみなさまに熱い連帯のメッセージを送ります。（二〇一五年三月吉日）

うるま市具志川九条の会　共同代表

仲宗根勇

平安山英盛　事務局長宮城英和

以上であります。ありがとうございました。

二〇一五年四月二十五日

■沖縄文化の力で政治暴力を圧倒する

みなさま、ご苦労さまです。

さきほどのかぎやで風節（カジャディフーぶし。喜びをうたいあげる琉球古典音楽の楽曲。結婚式や祝いの舞台でうたい、踊られる）、すごかったですね。サンシンを多数のひとが合奏する。祝いごとや結婚式で聞いたら、ほんとに琉球人としての自信が湧き起こってきます。ヤマトの結婚式に行ったことがありますが、むこうの結婚式は「高砂や～」とこれだけであって、なんの変哲もない。

それにくらべてわが琉球、沖縄の文化、この奥深さ、これはすごいものがあります。いま安倍一派の政治的な暴力に立ち向かうのに、われわれは沖縄の文化の力によって、歴史によって、条理によって、翁長さんが安倍晋三というバカ男を圧倒したように、われわれは政治暴力を文化の力で打倒することができるわけです。(拍手)

いま山城さんがちょっと休息に入りましたが、その間、われわれはここの現場を守って、踊りのできるひとは踊り、唄に自信のあるひとは唄、おしゃべり、器楽演奏、なんでもいいですから全員がプレーヤーになる。たんなるとらわれの聴衆でなく、主人公になる。つまり、みんなが山城博治を超えるぐらいになって、安倍一派の度肝を抜かんといかん。(そうだ!の声)

わたしはあいかわらず法律でメシを食った人間として安倍一派の憲法上の問題点、これまでつねにこれをしゃべってまいりました。今後もわたしはわたしの持ち分でがんばりますので、ぜひ、みなさんもひとりびとりがここに立って安倍を蹴飛ばすような大演説をやってください。(拍手)

■国家権力を窃取している安倍一派

二〇一五年四月三十日

みなさま、ご苦労さまです。

きのうからきょうにかけてテレビであの安倍晋三のにやけきった顔、アメリカでの訪問中の顔を見ましたか。誇らしげに語っている。官僚が書いた実もない英作文を下手な発音で読み上げていた。そしてわが翁長県知事が会談のさいに安倍晋三に注文した、沖縄県民と沖縄県知事はこの埋立てに反対しているということをオバマに伝えてほしい、といったことを、県知事が反対しているが、政府としては粛々と進めると言ったわけです。これにたいしてオバマはなにも答えてないのに、NHKの通訳官は意図的に誤訳と称して言ってもないことを放送した。オバマは「柔軟に対応する」と言いましたということをニュースで言ったというのを、いまごろになってあれは間違いだった、誤訳だったとあやまっている。誤訳どころの話じゃない。オバマが言ったのは、海外への移転、編成はやるということしか言ってないですよ。

いかにNHKがおかしくなっているか。籾井モミガラ会長、このことによってNHKは自称している「みなさまの放送局」ではなくなった。安倍一派の宣伝機関になってしまった。アメリカでの安倍の演説を詳細に読んでみた、聞いてみた。かれはこう言っています。日本の政治の基礎に、ゲティスバーグの一節にもとづいてやっている、と。皆さんよくご存じのように、リンカーンが南北戦争のときに言った「人民の、人民による、人民のための政治」。われわれは "goverment of the people of Okinawa, by the people of Okinawa, and for the people of Okinawa" 沖縄人の、沖縄人による沖縄人のための政治のためにこの闘争をやっているわけです。

安倍晋三というにやけきった、右翼の祖父岸信介を追いかけ、明治憲法に戻ろうとしている右翼反動、それを取り囲む安倍一派。わたしは安倍は国家権力を盗み取っていると、いつも言う。

その根拠についてきょうは話したいと思います。

なぜ、盗み取ったと言えるかと言うと、日本国憲法の前文第一文はこう言っています。「日本国民は、正当に選挙された国会における代表者を通じて行動し、われらとわれらの子孫のために、諸国民との協和による成果と、我が国全土にわたって自由のもたらす恵沢を確保し、政府の行為によってふたたび戦争の惨禍が起こることがないようにすることを決意し、ここに主権が国民に存することを宣言し、この憲法を確定する」と第一文はこう言っているわけです。

ここで言う、「日本国民は正当に選挙された国会における代表者を通じて行動し、」というのはただの選挙でない、「正当に選挙された代表者」でなければならない。

安倍が第二次安倍内閣を作ったときの投票、安倍にたいする投票率、そのまえの民主党が政権を奪ったときの得票よりも二二〇万票余りも減らしているんですよ。減らしたのに、議員数は二九五議席も取っている。これはひとえに「正当に選挙された国会における代表者」じゃないということを示しているんですよ。なぜ、そうなっているか。選挙制度の欠陥、本来、日本国民は平等にひとり一票、一票の価値は平等であるはずのものが、いまやあらゆる高裁で違憲か違憲状態という判決が出ている。この違憲か違憲状態の選挙制度にもとづいての無資格国会による指名によって安倍晋三は有権者中のたった二〇パーセントにも満たない比例区の投票数によって日本全国の権力を奪い取っているわけです。わたしがいつもここで安倍晋三一派は国家権力を奪い取っているというのはこれなんですよ。

県民大会が県庁前でおといありました。そのときに、いつもそうなんですが、まず国会議員から発言させますね。あれはどうしてかと言うと、皆さん、不思議には思いませんか。ああいう集会でまさに山城博治とか、この知りすぎた男、第三の男、仲宗根勇が冒頭でしゃべってもいいはずですよ。（拍手）そうでない理由があるわけです。さっき読んだ「日本国民は正当に選挙された国会における代表者を通じて行動し」と憲法前文に書いてある。つまりこれは直接民主主義じゃなくて代議制、間接民主主義を日本国憲法はとっているんだ、そして主権が国民にある。その主権者たる日本国民がこの憲法を確定する、民定の憲法であるということですね。

この前文の冒頭の第一文は、明治憲法といまの憲法の相違を明らかにしているわけです。明治憲法第一条は「大日本帝国は万世一系の天皇これを統治す」となっていて、天皇主権であるわけです。それからポツダム宣言を受諾することによって、日本は天皇主権、軍国国家を排除し、これを受け入れなければ制裁をおこなうというんで、これをいやいやながら受諾したわけです、天皇制明治国家がね。ポツダム宣言の受諾をずるずる遅らせたおかげで八月六日に広島、八月九日に長崎に原爆投下、そして沖縄戦をずるずる長引かせた結果、県民の犠牲を広げたわけでしょ。この天皇制から国民主権へ、そして「自由のもたらす恵沢を確保し、我が国全土にわたって自由のもたらす恵沢」、これはつまり基本的人権、これを尊重する、と。我が国全土にわたって、ですよ。これは当然、日本復帰後は沖縄についても適用があるわけです。

だけど、いまの安倍一派は沖縄を差別の限りをつくして、機動隊を総動員、海上保安庁、これはぜんぶ安倍から国交大臣、海上保安庁長官、海上保安官、この指揮命令系統が総理大臣たる安倍個人から出ているわけです。総理大臣という職は尊いものです。だけどその職に居座っている人間が必ずしも尊いということじゃない。われわれの闘い、さきほどもあったように、暴力の源、これをやはり糾弾していくべきだと思います。

本土の良心的なひとびと、学者、いろいろなひとたちがこの闘いを応援する、このひとたちの力も借りながら、われわれは最後まで安倍晋三という男とその一派が企んでいる反動的な、軍国主義的な、この国を作り直そうとしている、どこでも戦争ができる、どこでも自衛隊が行ける、こういうことを国民にも説明もない、国会でも審議もない……

(駐車違反を注意することにかこつけて突然、飛び出してきた警察関係者と思われる者が挨拶をやめるように言って、演説を妨害したので、中断)

わがうるま市の出身でもある山城博治を孤立させないために、うるま市「島ぐるみ会議」を中心にうるま市総がかりで闘う決意であります。

■アメリカへの政治的ゴマスリ安倍

二〇一五年五月二日

みなさま、ご苦労さまです。

さきほど、沖縄市の方が方言の話をいたしましたので、わたしもそれに触発されて、きょうは方言の話から入りたいと思います。

「メーシ」という言葉がありますね。「メーシ」というのはお追従、ゴマスリのことですね。その動詞は「メーシスン」、メーシするひとは「メーサー」、英語と同じように -er をつける。

いま安倍晋三という総理大臣の席に就いている男は、アメリカに行ってオバマ大統領などを相手に、米上下両議院合同会議の上下議員団を相手に、演説をしています。まったくのアメリカに対するオイルスピーチ（oil speech）、すなわちアンダグチ（「アンダ」は油、「グチ」は口。「アンダグチ」とは「おせじいっぱい」という意味の沖縄語。そういうひとを「アンダグチャー」という）。アンダグチのダンダン（「おせじたらたら」という意味の沖縄語）を垂れまくっている。日本の国会においてまったく審議もされていない、去年の七月の一日に勝手に内閣が、集団的自衛権という歴代の内閣も憲法学界もいっさい認めていなかった集団的自衛権を認めるという閣議決定をして、それにもとづく自衛隊法改正をはじめとする戦争法案を自民党と公明党が勝手に密室協議して、それを手土産にして、夏までに日本で決議いたしますと約束した。そしてこれにもとづく防衛の新ガイドラインをつくりあげているわけです。

まさにこれは、いまの安倍内閣はアメリカの傀儡政権、これにほかならない。安倍は、ウチナーグチと日本語で、英語で言えば「ポリティカル・メーサー」、政治的ゴマスリにほかならない。アメリカの黒人差別の泥の蓮のなかから生まれでたあのオバマ大統領、彼は日本語も使いながら安倍晋三をあたかも「ネックカット・フレンド」、つまり「クビチリドゥシ」（「クビ」は「首」、「チリ」は「切る」、「ドゥシ」は「友」、「クビチリドゥシ」はつまり刎頸の友というほどの意味で通俗的に使われる）のように扱っている。（笑い）それはすべてアメリカの集団的自衛権を日本に認めさせたいものの、いままでオバマは安倍晋三を信じていなかった。右翼ナショナリストというんで警戒をしていたはずです。それをこの集団的自衛権を認めるということにもとづく戦争法案を手土産にして、アメリカとともに、場合によってはアメリカの穴埋めをする世界戦争へと、自衛隊を駆り立てようとしている。まさにおそろしい時代になっているわけです。

にもかかわらず、四九％くらいの日本本土の有権者は棄権をする。そして有権者の一六％、一七％で、あの民主党が政権をとったときの自民党に対する投票数より二〇〇万票以上も減らしながら、第二次安倍内閣というファッショ内閣ができあがった。日本はまさに民主主義と法治主義を放棄した。立憲主義を否定し、憲法九条を条文はそのままにしていながら、実質的に憲法九条を破壊する。それは国事犯である。いうなればこれは内乱罪の故意をもっているわけです。刑法七十七条は「国の統治機構を破壊し……その他憲法の定める統治の基本秩序を壊乱することを目的として暴動をなした者」を内乱罪として死刑または無期禁錮とする、なんですよ。この基本的な憲法の構造を破壊しているまさに内乱罪の故意をもっている安倍一派。安倍という男は頭の悪い男なんですよ、本当は。ところがこれを取り巻く右翼ナショナリストたちが綿密に協議して連携して、切れ目のない戦争国家への道をいま、まっしぐらに進んでいるわけです。

わたしは具志川九条の会の共同代表であると同時に、うるま市の島ぐるみ会議の共同代表でもあるんですが、わたしがいつもここでしゃべることは、権力に憲法を守らせる立場から、まさにこの辺野古新基地を強行する強権内閣、狂った犬――強権であると同時にやつらはもう狂犬ですよ。狂った犬同様の内閣総理大臣、その命令が下る国土交通大臣、さらに大臣を通じて海上保安庁法にもとづいて海上保安庁長官に命令がくる。その長官が命令を伝えて十一管区の長にくる。その命令が辺野古のここでの海上保安官のあの暴虐、犯罪行為の淵源は安倍晋三というあのウソつき男がやっているんですよ。そしてきょうはいないんですがね、ここでの機動隊の暴力の源泉は、県警本部長です。県警本部長は警察庁、警察庁は内閣総理大臣の所轄のもとにある国家公安委員会、その委員長は国務大臣です。国務大臣が国家公安委員会の委員長になって、各県の県警本部長というのは国家公安委員会が各都道府県の公安委員会の同意を得て任命するわけです。いま機動隊のこの暴力を誘発しているのは仲井眞県知事時代に任命された――もちろん県議会の同意のもとで任命されるのが各県の公安委員ですが――、この公安委員会の同意のもとで、各県の県警本部長が任命されるわけです。海上保安庁の暴力に対して、第十一管区の本部長に抗議をしているのと同じように、県警の本部長に対してもゲート前の陸上の暴力行為をやめろという行動

を起こすべきなんですよ！（拍手）

安倍がいかにアメリカにおいてオイル・スピーチをやっているか、読んでみましょうね。アンダグチャー、メーサー。メーサーにも二種類あるんですよ。小さいメーサーはメーサーグヮー。それを言えばあの、わが誇るべき女性参議院議員のなんとか安伊子というのは、あれはメーサーグヮーに入るわけです。つまり権力に身をすりよせて、自己保身をはかる。むかし、西銘順治という保守の大物がいて、彼の『沖縄と私』という政治評論集にはこういう文言があります。沖縄の政治家に望むのは権勢や金銭に超然として、ちゃんとした政治的な思想と立ち位置を保持すべきである、と。その息子は西銘恒三郎、これは中メーサー、中ぐらいのメーサーグヮー。彼は辺野古の政策を県内移設反対という選挙スローガンをかかげて当選した、自民党議員ですよ。

彼がスローガンをひるがえしたことをきっかけにして、県出身のあの五名の議員たちを会見で並べたあの石破幹事長、民主主義の補完の形であるデモをテロと言うくらいの認識をもつ、石をも砕く人間、石破というやつがね、勝ち誇ったようにね、あらゆる可能性を排除しない、つまり辺野古への基地建設は認めるということを、県外移設の選挙公約を無視して、西銘につづいて、全員が自民党本部で県内移設容認へ流れた。

その結果が、自民党の県連も政策を変更し、最終的にあの仲井眞というバカ知事が仮病を疑われた東京の病院に入院して官邸と接触し、その数日後、埋立て承認のサインをした。この経過をみると彼は、官邸に缶詰めにされて、異常な精神状態のもとに行政行為をおこなったんじゃないかという疑いがあります。それは行政行為の瑕疵のひとつであるわけです。行政行為をする主体が正常な認識、能力をもっていないと、この行政行為は無効であるということなんです。いま第三者委員会がやっているのはそれじゃなくて、手続きに瑕疵はなかったかどうか。その瑕疵というのは、いま言った無効原因ではなくて、取り消すまでは有効である取消原因なのですよ。

三つの行政学上の行政行為の瑕疵のもうひとつの形態が、この行政行為が公益に反する場合、これは撤回することができるというものです。これは行政学の常識です。きのうのニュースによると、弁護士や研究者たちが同じようなことを県庁に申し入れたようですが、これはすでにわたしをふくめた九条の会が二月の十日に県知事に対して、県庁で県の事務局にお会いして、こうだということを言って、ぼくはそのことにかんするメモもあげております。そのとき、わたしがこの問題で未來社から出した『沖縄差別と闘う――悠久の自立を求めて』という本と、未來社の広報誌「未来」に県知事選の総括を書いた文章があります、これを県知事に贈呈してあります。知事は読んでいただいていると思います。

脱線ばかりなんですが、本筋に戻って、安倍晋三のオイル・スピーチがいかなるものかをですね、読んでみます。おとといの木曜日（四月三十日、前項）は話の途中で邪魔が入って、なんかやめろというんで――あれは警察の公安かなんかが、駐車場に駐車している車があるので挨拶をやめてくださいって――強硬にやめさせられちゃったんですがね。あれはおそらく警察の犬でね、わたしに本当のことをしゃべらさないためにやった大芝居だと思います。あのつづきになりますが、安倍晋三はね、こんなこと恥ずかしくて言えるかと思いますが、「つねに法の支配、人権、そして自由を尊ぶ価値観をともにする結びつきです」と言っています。つまりアメリカと日本は「法の支配、人権、そして自由を尊ぶ」？　まったく真逆のことをここでやっているわけでしょ？　安倍晋三というバカ男はこういうことも言ってるんですよ、「太平洋からインド洋にかけての広い海を、自由で法の支配が貫徹する平和の海にしなければなりません」。まったく、どこからそういう言葉が出てきますか！　辺野古の海で、平和な海ですか！　あれは。

■安倍の「積極的平和主義」のインチキ性

二〇一五年五月七日

みなさま、ご苦労さまです。とくに早朝、あの機動隊と格闘しているみなさま、本当にご苦労さまです。

安倍晋三はアメリカ訪米から帰って三日間をゴルフ三昧しています、しかも財界の大物たちと。本当にいい気なもんです。さきほど沖縄の「五・三憲法集会」についての話がありましたが、五月三日には横浜の公園で三万人のひとが集まって、憲法集会がありました。そのなかであの大江健三郎さんが、あんな穏やかな優しいひとが、仲宗根勇なみに安倍晋三のことを「安倍、安倍、安倍」ということを何回も呼び捨てにして、安倍のアメリカ上下両議院の合同会議の演説でのあの演説は嘘に満ちている、露骨な嘘をしゃべっていると言っていた。まったくその通りでありましてね。国会も国民も知らない、自民党と公明党だけが話し合って決めた法案を、集団的自衛権合憲という前提で安保法制と称して戦争法案をアメリカにお土産としてもっていって、しかも夏までにはこれを通しますと演説で述べた。なんというおべんちゃら。ひどい話です。まったく三権分立民主主義のイロハもわからない人間です。

大江さんはどもりなんですね、どもりながらあんなに怒っているんですよ。わたしもどもりなんですが、どもりというのは、みなさんはご存じないでしょうが、古代ギリシャの雄弁家もどもりでした。沖縄の方言で「ンジャニ、ユンタクー」(「どもりの饒舌家」の意の沖縄語)というのがあるんです。どもりは、本当は頭の回転と口の回転が一致しないということによって起こるわけです。みなさん、「英国王のスピーチ」という映画をご覧になったと思いますが、主人公はいまのエリザベス女王のお父さんです、ジョージ六世。言語療養士がどもりをなおす話でありましたけど、どもりのぼくでさえもここでしゃべらなければいけないような危機的な時代になっているということです。

安倍のあの積極的平和主義なんていうのはインチキですよ、あれはまったく。ノルウェーの平和学者ヨハン・ガルトゥングというひとが「積極的平和主義」という概念を出したんですが、ふつう、戦争のない状態を「消極的平和」といって、そのうえに差別も暴力もない状態を「積極的平和」というんですが、安倍のバカチンチンはこれを悪用して、積極的平和主義というまともなひとなら首を傾げるような曲解をしている。要するに、自衛隊がアメリカとともに世界じゅうどこへでも行って戦争行為をおこなうということを、今度の訪米で明らかにしたわけですよね。

そしてわが翁長知事の要望もまともに受け取らずに、県知事が反対していますとかたちだけいうことだけ言って、あとは辺野古に基地をつくるというのは政府の、唯一の方針であるということをオバマに言ったわけでしょ。オバマはまともには聴いてないですよ、本当のこと言って。オバマ自身、長いあいだアメリカの黒人差別、そのなかから出てきた人間なんですよ。差別というものに対しては敏感であるはずです。安倍ごとき恥知らずの鉄面皮な人間、われわれは歯ぎしりするしかないわけです、怒りに燃える。

オバマに対して、したがって、五・一七の県民大会の三万人、五万人の県民の民意を背負って、アメリカに乗り込んで、安倍のおべんちゃらはナンセンス、欺瞞である、嘘である、あいつのいうことはまったくデタラメだということを、アメリカのいちおうの民主主義の本家本元で、全マスコミに対して、安倍のインチキ性を明らかにする最高のチャンスなんです。（拍手）本当は安倍に先回りして言うべきだったと思うんですがね——「アトマサイ」（「後勝い」、最後に笑う者が最もよく笑う、というほどの沖縄語）ということもある、ウチナーグチ（沖縄語）で。

わたしたちがここに来るというのは、わたしなんかは本来もう定年して隠居するつもりでしたが、いままで去年の七月五日に高江に行って、ここにも来はじめてからは――それまでは従来、年二回外国旅行に行っていたんです。いまやもう、外国どころか本土の旅行にも行けない。なぜなら、ここに一人でも頭数をそろえなければいけない。（拍手）安倍を恫喝し、本気になって沖縄の人間が怒っている、辺野古は許さんということを安倍官邸に伝えるには、一人でも多くのひとがここに集まる。闘いの帰趨はここにひとがずっといるかどうかですよ。（拍手）

本土の大きなメディアは、テレビもそうですが、とくにテレビは許認可にもとづいて開局し、営業しているわけだから、政権党の自民党が恐いわけですよ。政権党が恐いがゆえに、テレビ朝日、NHKを呼び出して、マスメディアに対して圧力をかけているわけでしょ。安倍官邸は、外国の特派員の安倍批判の記事にさえも、その特派員のドイツの本社に日本の領事館員がいって、この記事は中国からお金もらって書いたんだろう、などと全マスコミについても、内外すべて手を打っているわけでしょ。

憲法を変えようという最終目標のために、またいろいろな手を使っているわけです。九条の本丸には手はふれずに、国家緊急権という災害時などに人権を制約し、内閣の権限を大きくするというこの条項を新設して憲法を変えようとしているわけです。これは、ふつうのひとだと必要ですねと言うかもしれませんが、これはまったくのあいつらの戦略なんですよ。慣れさせて、九条の本丸もうまく国民投票で過半数を取ろうという戦略なんです。いままでの自民党に対する投票というのは一六―一八%ぐらいしかないわけです。それを小選挙区制の一票の価値の不平等によって、二九五議席、こんなに取れているわけでしょ。これは「正当に選挙された」国会の代表者ではないということですよ。つまり国会は無資格である。無資格国会によって指名された内閣総理大臣安倍晋三、こいつの口を封じなければいけない。安倍を「アビラサンケー」（「しゃべらせるな」という意の沖縄語）！

■憲法とは権力に守らせるもの――自民党憲法改正草案の反立憲主義　二〇一五年五月十四日

みなさまご苦労さまです。

辺野古総合大学の押しかけ講師（笑い）、うるま市具志川九条の会の共同代表であります仲宗根勇と申します。

わたしはミカンがすきでしてね、最近ミカンを買ったら、だいたい腐っているんですよね。表面はどうもしてないんですが、腐ってるのが多いですね。同じように権力も腐敗する。（拍手）その腐敗を防ぐために憲法というのがあるわけです。つまり国家権力の、手足をしばる、その最高の法規が憲法であるわけです。この憲法のもとにあるべき条約――日米安保条約――が、憲法を無視して、いま暴走しているわけですね。安倍、いまや安倍のことを安倍「さん」と呼ぶひとは、日本の現状について、認識がちょっと足らない人であると思います。安倍晋三は、「安倍」と呼び捨てされるべき人物です！（拍手）五月三日の横浜における憲法集会、三万人が集まって、そこであの有名な大江健三郎さんでさえも、ついに安倍を「安倍、安倍」と呼び捨てにいたしました。わたしはもっと過激に、「安倍一派」、安倍内閣というよりは「安倍一派」というふうに言っております。

安倍自民党は、第二次の憲法改正草案を、二〇一二年につくりました。そのなかで恐ろしいことに、憲法本来の国家権力の手をしばる、そのためにあるのが憲法であり、最高法規であるということをまったく無視した自民党の憲法草案ができています。われわれはときどき、まちがったスローガンを言っております。「九条を守ろう」とか「憲法を守ろう」とか、それは間違っています。憲法は権力に守らせるものです。（拍手）その証拠がいまの憲法九十九条。何と書いてありますか。「天皇又は摂政及び国務大臣、国会議員、裁判官その他の公務員は、この憲法を尊重し擁護する義務を負う」と。これを自民党の草案百二条では恐ろしいことに、第一項で、「すべて国民はこの憲法を尊重しなければならない」。英語で言えばmust、「尊重しなければならない」と。ちなみに、いまの憲法で日本国民には憲法の尊重、遵守義務は明文上ないわけです。あたりまえです。国民が権力に対して命令するのが憲法ですから、国民は憲法を尊重し擁護する義務はないわけです。これを立憲主義というんです。この立憲主義を否定する、あの自民党がつくろうとしている憲法を日本国民は「尊重しなければならない」と。

恐ろしい話ですが、自民党の憲法草案第一条では、天皇は日本国の元首であると。つまり明治憲法とまったく同じです。その天皇および摂政——みなさんごぞんじでしょうが、摂政というのは天皇が十八歳未満であるとか、精神的におかしいんだとか、事故があったとかという場合に、摂政という天皇の代理機関を置くことになっているんです——、その天皇および摂政を憲法の尊重、擁護義務から除いているわけですよ。しかも自民党案がいまの憲法と違うのは、百二条二項で国務大臣、国会議員、裁判官、その他の公務員は、この憲法を「尊重し」というのを抜かして、「擁護する義務を負う」とだけになっています。本当にね、どうしようもないです。

この辺野古の新基地建設というのとね、安倍バカ内閣、アホ内閣が策動している憲法改悪、これは車の両輪です。これを許すと日本はおしまい。集団的自衛権を去年の七月の一日に内閣が勝手に、いままでの歴代内閣もいっさい否定した、憲法学界も否定した集団的自衛権を——認めないという従来の扱いを簡単にひっくりかえして——それを認めるという閣議決定をした。それにもとづいて、いま安保法制と称してね、戦争法規をアメリカに約束して、国会にも国民にもなんの説明もなくまったく無視して、公明党と自民党が密室で決めた戦争法案を訪米してもっていって、それにもとづいて八月じゅうには、今年の夏までには国会を通すと、多くの横暴をアメリカに行って宣言しているわけです。

自民党がやろうとしている、自民党の改正草案というのをみたら恐ろしいです。国防軍をつくる、天皇が主権者である。明治憲法よりももっと劣る、反動的な内容の憲法になるわけです。しかも義務規定が十個ぐらいある。国民の国防義務。家庭、家族同士を尊重する義務だの、日の丸を尊重する義務。いっぱい義務をつくっている。これは憲法のなんたるかを知らない人間が作るものです。家族が扶助しあう義務なんていうのは、家族に社会保障を受けるべき人間がいたら、家族で扶助しなさいと、国家はめんどうみませんよと、いまの憲法二十五条の生存権をあきらかに否定する、政策的に否定するための条項がちゃんとあるわけです。

憲法改悪、これを許さないために、われわれは来年の参議院選挙、あの選挙において、ふたたび参議院にも自民党と公明党、あるいは場合によっては維新の党とかをふくめた現政権与党に、三分の二の議席数を与えちゃうと――衆議院はもうすでに三分の二もっていますから――国会で両議院の総議員の三分の二以上の賛成で憲法改正が国会で発議できる、それにもとづいて国民投票で過半数を得て、憲法「改正」しようとしているわけです。

わが九条の会が、この闘争に関わるのはね、もちろん沖縄人としての誇り、自信、これで安倍ごとき、あの右翼の一派に負けるわけにはいかんというのがあります！（拍手）同時に、憲法改悪、絶対に認めない！（拍手）この闘いを連動させることによって、安倍――安倍はね、いつも言うんですが、頭の悪い男です――、悪いけれども、それをとりまくあの右翼の連中、オトモダチ内閣と闘う。

北九州の麻生太郎のお友だち、モミガラ会長?、モミイでしたかね?、ああいふうにNHKも乗っ取り、いまやマスコミにまで手をつっこんでいる。戦争の準備ですよ。特定秘密保護法、これからはじまった戦争への道。いま安倍内閣はわれわれが意気をあげればあげるほど、あせりにあせりまくっている。これがその証拠である！　安倍、菅、中谷、あの連中はあせりまくっているんですよ、本当は。新聞というのは、もはや東京では沖縄の真実を伝える新聞は「東京新聞」、地方紙としての「東京新聞」、「朝日」がときどき書く程度。真に真実を書いている沖縄の二大紙、「沖縄タイムス」、ありがとう！（拍手）「琉球新報」、ありがとう！（拍手）がんばってください！　新聞というのは自由です。ところがテレビジョン、テレビ放送は政権の許認可、これにもとづいてやっているわけです。したがって、政権党の自民党、思い上がって放送法という業者同士を規定する法律を盾にとって、テレビ朝日、NHKを呼び出して、不当な干渉をやっています。これもすべて安倍、あのバカ人間が源泉です。ということで、安倍にアベーラサンケー（「アベの口を封ぜよ」の意の沖縄語。「しゃべらせるな」という意の沖縄語「アビラサンケー」から）。（拍手）

■あー、わからない、わからない

二〇一五年五月十六日

去年の夏かにこちらにも参りました、ルポライターの鎌田慧さんというひとがいます。「東京新聞」の四月二十一日の号に、コラムを載せてありいます。「明治大正の演歌師・添田唖蟬坊に倣って」というので、この沖縄のいまの状況を詠んでいます。いまさっきのメロディーを思い浮かべながら聞いてください。

♪あー、わからない、わからない
安倍さんのやることわからない
アベノミクスというけれど
うわべばかりじゃわからない
株価上がった、利益が増えた
増えた増えたは貧乏人
やることなすことあべこべだ

♪あー、わからない、わからない
沖縄いじめはわからない

辺野古差し出す御用聞き
粛々進めてアメリカ詣で
拍手受けたい夢がある
厚かましさにもほどがある

♪あー、わからない、わからない
安全安心安価安定安倍さんトークがわからない
日本の原発世界一
爆発死の灰なんのその
そのあと野となれ山となれ
行方不明の燃料棒
どこへ行ったかわからない
はやる心がわからない

♪あー、わからない、わからない
戦争法は平和法
なにがなんだかわからない

早くやりたい戦争ごっこ
いつでもどこでも駆けつける
日本軍の頼もしさ
ポチはポチでもアメリカの
こんな危ないことはない
こんなバカげたことはない

♪あー、わからない、わからない
NHK、民放、大新聞
口をふさがれ黙っている
安倍さんばかりが出ずっぱり
これはホントにわからない
日本の将来わからない
頭隠して尻隠さず
解釈改憲わからない
わからないじゃわからない
わからないじゃ死ぬばかり

ルポライター　鎌田　慧

さてこれと関連して、非常に不可思議な発言があります。辺野古基金の共同代表をやるという佐藤優が、四月三十日の保守論客チャンネルで「高嶋ひでたけのあさラジ！」で、あの安倍がアメリカの上下両議院の議員を相手にした演説を聞いての、その全体の印象をどう思うかと問うたら、「よくできた演説だった。非常にいい演説でありました」と、こう言っているわけです。このひとは、まともですかね。「あー、わからない、わからない」というのは、ここから発想しました。

アメリカの提灯持ち、傀儡政権といってもいい安倍内閣＝安倍一派が、恥も外聞もない、嘘を平気でつく。そしてあの演説の内容たるや、歴史学もなにもない。無知蒙昧丸出しですよ。バカ丸出し。日本国民は騙されているのか、騙されているフリをしているのか。日本本土の良識ある国民を除く、安倍に期待している、アベノミクスから少しでもおこぼれを頂戴しようとしている日本国民、日本の本土の人間、本当に思考能力を失っているのか。いま憲法が、九条が、国に守れということを言うべき。九条の二項で戦力を認めない、交戦権も認めないとハッキリ言っているのに、外国どこでも戦争に行けるなんていうのは、まったくの反憲法クーデターですよ、これは。反憲法クーデターをやっている人間が、権力を奪い取っているいまの日本の政治の状況。安倍官邸によってこんなにたくさんの日本人が動かされて――あんなトットロー（「大バカ者」の意の沖縄語）に。日本はどうにかなっているんですかね。「あー、わからない、わからない」ですよ。
どうすればいいのか。それはこの新基地を絶対止める。沖縄が、かりに何十万人の人間が死んでも、止める。場合によっては、みんな車を持ち出して、海上保安官がゲート内に入るような時間帯に、全部ここに車を上下とも二十台、二百台、二千台、二万台で覆い尽くす。（拍手）
きょうの早朝、海保のクルマをゲート内に入れなければいけなかった。なぜか。人数が少なかったからですよ。人数が機動隊の倍、三倍、四倍おれば、機動隊はなにもできないはずだ。われわれが復帰前、教公二法という悪法を廃止したときには、警察官三〇〇〇名にも満たなかった。デモ隊が何万人でぜんぶ機動隊を排除しました、当時の県議会（立法院）を取り巻いたデモ隊が。無抵抗の抵抗というのはいろいろな方法がある。そこの県警のみなさん、聞いていますかね。甘えちゃイカン。
明らかに憲法を破壊している安倍晋三およびその一派、右翼、ファシスト。投票権者のほんの二〇％にも満たない投票数によって、選挙制度の欠陥によって、あるいは多党分裂に助けられて漁夫の利を得て、衆議院の議席の三分の二以上を取っている。来年の参議院選挙でも同じようなことで三分の二を与えちゃうと、国会における両議院の総議員の三分の二以上で憲法改悪の発議ができることになる。したがって来年の参議院選挙は日本の運命を決することになる。国会の発議があると、国民投票で過半数の賛成があれば、改悪ができる。しかもずるいことには、自民党のあの連中は、本来は九条の改悪、これを最終的にめざしているんですが、国家緊急権、あるいは環境権、財政条項についての誰でも賛成しそうな、一見必要そうな事項の改正での試し改正を経たうえで、全体的な憲法改悪をやろうとしているわけです。これもごまかしですよ。

国民が賢明であれば、それを見抜くはずです。しかしいまの日本本土の選挙民の頭脳構造、知識の程度——沖縄のようなオール沖縄に達するまでの努力を積み重ねないと、安倍一派が日本国家を戦争国家へと導くのは明らかです。

われわれ憲法九条の会は、この辺野古の闘いと、憲法を国家権力に守らせるという、憲法九条を守れという闘争は不離一体、車の両輪と思っています。まさしくこの辺野古を潰すことによって、憲法改悪を阻止できる、安倍を引きずりおろすことができるという確信のもとで、具志川九条の会はがんばってまいります。ありがとうございました。(拍手)

二〇一五年五月二十一日

■無抵抗の抵抗の方法

みなさま、ご苦労さまです。五・一七県民大集会、すばらしかったですね。(拍手)わが県知事のあの決然たる、威風堂々たる演説。そして最後に雄叫びをあげた、「ウチナーンチュ、ウセーティーナイビランドーサイ」。その日本語訳はまさに、うるま市のバスでお話をされた大阪の諸

見里さんの大阪弁で言えば「沖縄の人をナメたらアカンで」！（笑い）　東京弁で「バカにすんじゃねえ」！　これであったわけですね。
この間の、昨日の外国特派員協会における、あの翁長知事の演説、インターネットでずっと見ていました。演説と質問。やはり官邸目線の日本のマスコミの質問が、「ウチナーンチュ、ウセートオル」（「沖縄人をバカにしている」という意の沖縄語）。こういう質問がありました、「あらゆる手段を使って阻止するというが、具体的にはどういうことか」と、訊いた日本人のマスコミのひとがいました。答えはこうです、「法的な手段をとる。いま現実に土砂を運ぶ時点になったら、一〇トントラックが何千台もここを通らなければいけない。いまはゲート前には百名単位のひとしか集まっていないが、そうなったら千名単位のひとがそこに結集する」と、県知事がおっしゃいました。（拍手）つまりこれが、無抵抗の抵抗の最高のかたちになる。
数日前、わたしがここで言ったひとつの闘いの方法は、わたしたち九条の会が土曜日に来るときは朝早く来て、早朝四時半に起きてここに結集して、海保の車を止めるんですが、いかんせん人数が少ない。そのため海保のクルマを通さざるをえなくなるんです。合法的にそれを止める方法は何か。二十台、二百台、二千台のわれわれの自家用車を上下に走らす。徐行作戦。これを提起したわけです。

われわれの代表である翁長知事の、あの歴史をふまえ、条理をふまえ、沖縄のウチナーンチュの心をふまえた、決然たる宣言は、全日本を変えつつある。世界へと発信されつつある。それに比べてきのうの国会における党首討論。あの報道はテレビでも一部分しかない、新聞にも一部分しか載っていない。さきほどわがうるまの島ぐるみ会議の事務局長の伊芸さんが、共産党の質問についての問題点はいちおう言いましたが、もっとひどいことがあります。

つまり志位委員長が後半でした質問です。ポツダム宣言の第六項、第八項について。第六項というのは日本軍国主義が日本国民を騙して、世界征服に出た勢力は排除されるべしというのがあるわけです。これをどう思うかと、安倍晋三のバカたれに訊いたら、どう答えたか。「つまびらかには読んでいません」。驚くべき話です！　ポツダム宣言というのは、日本の戦後の最高の規範であった。これにもとづいて、明治憲法下の封建社会、軍国主義を民主化して、平和国家にするという連合国側の非常な決意に満ちた降伏条件ですよ。日本のあの当時の鈴木貫太郎内閣は右往左往して応えきれなかった。なぜかというと、そういう軍国主義に走った、世界征服をたくらんだ、日本国民を騙した、権力および勢力は排除されるべしというポツダム宣言は、天皇制を廃止するということが目的でないかというんで、一九四五年七月二十六日に発せられたポツダム宣言は、二十七日には日本国に届いている、これを八月十四日の「御聖断」、つまり最後まで戦おうという日本軍国主義者たちが抵抗して受諾が遅れた。最高戦争指導会議というのが、御前で、天皇を前にしてそれぞれ意見を言うんですが、軍国主義者というのは徹底的に抗戦、本土決戦するということで、これは受け入れられないと言ったわけです。結局は、このポツダム宣言は日本国の基本的な構造、つまり天皇制を残すということを前提に受け入れますということで、八月十四日の「御聖断」、つまりこのポツダム宣言を受けるということをして、八月十五日にはあの玉音放送をやって、日本は敗戦条件を受け入れたわけです。これさえも知らないという日本の総理大臣である安倍のバカさ加減にはあきれはてる。日本の最高権力者がポツダム宣言でさえもまだ読んでいない。こんなやつが戦後レジームの脱却なんてことを言うのはちゃんちゃらおかしいじゃないですか。（「そうだ」の拍手）

きょうの話は、これは序論です。本論で言いたかったことがあります。「警官が市民に馬乗り　辺野古「沖縄タイムス」のおととい の新聞です。写真が入っています。「警官が市民に馬乗り　辺野古シュワブ前」と。馬乗りされた写真があります。「タイムス」をとってない人は残念でしたね。馬乗りというのは、海上における海上保安官特有の弾圧方式じゃなかった。機動隊もここで、早朝のデモの人数が少ないときにこんなことをやっているわけです。これを「沖縄タイムス」が県警にどういうことかと尋ねた。「県警は本紙の取材に対し、警察官職務執行法にもとづく犯罪の予防と制止だと見解を示した。再三の警告を聴き入れず、道路に飛び出そうとしたので、やむをえず留めおく措置をおこなったと説明した」と。県警、よく聴いておいてくださいよ。教えてあげます。警察官職務執行法、これにもとづいてやったと言ってますがね、とんでもないです。警察官職務執行法第五条にはこうあります、「警察官は、犯罪がまさに行われようとするのを認めたときは、その予防のため関係者に必要な警告を発し」、つまり、「犯罪がまさに行われようとする」ときには警告することができると。「又、もしその行為により人の生命若しくは身体に危険が及び、又は財産に重大な損害を受ける虞があって、急を要する場合においては、その行為を制止することができる」、行為の制止を受けるのは「重大な損害を受ける虞」がある、「人の生命若しくは身体に危険」が及ぶ、こういう場合で、しかも「急を要する場合」にだけ「行為を制止することができる」。この要件にいったい当てはまるのか。海保の車がゲート内に入るのを阻止しようとしているのは、新基地建設に反対する、憲法で認められている、憲法二十一条にもとづく表現の自由なんですよ。これは犯罪でもなんでもない。したがって、警告もできない。いわんや、「損害を受ける虞がある、云々」ということもありえないでしょう。それを制止するなんぞというのは、法律のホの字も知らない連中だ。（拍手）名護署の連中、県警機動隊、もっと勉強しなさい！　馬乗りでなく、言うなれば「牛追い」、牛を追っていく程度であればよろしい。馬乗りは過剰警備であることはまちがいない。この県警の違法な行為、わたしはいつもここで再三言っているように、県警本部長に対する抗議行動を組まないといけないと言ってるんですが、なかなかそこまでいたっていない。

そしてまた、きょうの「沖縄タイムス」によると、海上保安庁長官が、東京で沖縄の新聞二紙は誤報だと発言した。これに対する「タイムス」と「琉球新報」の編集局の責任者が発言しています。「誤報」だと言っているが、「タイムス」や「琉球新報」に誤報ですよといったことは一度もない。つまりぜんぶ本土のマスコミ向け。いかに安倍官邸がわれわれのこの運動を潰そうとしているか。あせりにあせりまくっている証拠ですよ。

二〇一五年六月四日

■ポツダム宣言も読んでいない安倍首相

「早く質問をしろよ！」

こんながさつなことばを、さきほどの甘美な音楽を聴いたあとで、どう思いますか。このことばは「われらが誇る」総理大臣安倍晋三のことばです。

辻元清美さんが、小さなことから大きな戦争になるんだ、ということを言って質問しようとすると、ニタニタ笑った安倍晋三が総理大臣席から言ったことばです。これは国会議員にたいする侮辱であるのみならず、女性にたいするセクハラでもある。（「そうだ」の拍手）

日本国憲法は、国会は国権の最高機関であり、唯一の立法機関であると言っている。つまり国会というものは、内閣を監視する。憲法のなかでこう言っています。「内閣は国会にたいして連帯して責任を負う。」そのため議員が質問趣意書を提出して内閣にたいして質問をもとめたら七日以内で答えなければいけない。国会法にはそういう規定もちゃんとあるんです。それほど国会議員というのは大きな力をもっている。だからこそＮＨＫが放送するためにあの質疑応答のときに緊張しているのは、たんに国民が見ているからというだけではない。憲法上にそれだけ日本国民は正当に選挙された国会における代表者、われわれが選んだ代表者の行為を通じてわれわれ日本国民は行動するんだ。そういう代表者にたいするあの安倍晋三の発言は許せるものではない。

きのうの早朝における沖縄県警の機動隊は暴虐のかぎりを尽くしている。聞くところによると、きょうはわれわれの仲間にたいして「犯罪者」呼ばわりをしたという。許せるものではない。あの若者たちがわれわれの前に立ちはだかるときの顔をしみじみ見てやってください。こいつらのためにわれわれは県民税を払っているんだと。われわれが食わしているんだ、と。県警！　聞け！

ぼくがしゃべるときには連中は装甲車の中に引っ込んでいるんですよ。（笑い）

この機動隊の命令の根源、それは警察署長であり、署長は県警本部長の命令、県警本部長は警察庁、警察庁は国家公安委員会の委員長、この国家公安委員会は内閣総理大臣の所轄のもとにあるんです。つまりあの安倍晋三という舌足らずの、二枚舌の男の意志によって機動隊は動いているんです。

いま、いかに安倍官邸が怖れおののいているかと言うと、ここから、このゲート前の現場から人影が消えないということですよ。(拍手) いろいろなひとたちが毎日ここで脚本のないドラマを演じている。一瞬たりとも間が空いたことはない。音楽あり、踊りあり、演説あり、これこそがこの闘いの、いかに柔軟性のある、多様性のある、新しい民衆の運動で、日本全国にない闘いのしかたをつくりあげているか、ということです。(拍手)

藤本監督たちの最新のDVDを見ましたが、この闘いのあらゆる形態——たんなる衝突の場面ばかりじゃなくて——、ここでの闘争のあらゆる形態をむしろ映画にすべきであって、闘いの衝突場面に集中しすぎているのではないか、というのがぼくの意見です。『圧殺の海』を見たぼくの名古屋の弁護士の友達がいちばん感動したのは、島袋のおばあちゃんが警察官に向かって抗議している場面だとわたしにメールで言ってきていました。『圧殺の海』の最高の場面です。

九条の会が憲法講演とともに『圧殺の海』の上映会をやったときにみたひとたちの感想に、あまりにも闘争場面が多すぎてふつうのひとがこの闘争に参加することに躊躇するのではないかという意見があったんです。それにたいして、そうじゃないよ、と。ここにいちど来てみれば、民謡ありサンシンあり唄あり踊りあり、すべて沖縄の民衆の力、あらゆるかたちの抵抗、闘争のかたちがあると、映画はそれらをふくんだ総合的な闘いの記録を入れるべきだといずれ藤本さんに言おうと思っていたんです。きょうはいいチャンスですので言いますが。

つまり、ここで逮捕事件もありました。それで名護署で抗議もあった。それでみんなが行って闘争もやって釈放もされた。またここでいろいろなひとびと、各地、各国のひとたちがやっていることも入れこんでほしい。海上でやっている闘いは、われわれは実際上、映像でしか見ることができない。したがってあれは非常に重要なんです。重要なんだけど、あれだけでは食傷気味になっちゃう。闘いは、いろいろな場面で、いろいろなひとによって担われているということを映画を通じてぜひ知らせてほしい。（拍手）というのが映画評としての仲宗根評です。

しかし、安倍だけは一点の疑いもなく許せない。なぜか。むかし「朕は国家なり」と言ったルイ十四世、あとのルイ十六世はフランス革命で首をちょん切られたのですが、安倍も「おれが憲法だ」と言っているでしょ。あれほどの憲法的犯罪人はいない。これは国事犯です。国事犯というのは、刑法七十七条で「日本国憲法の基本秩序を破壊する意図をもって暴動をやった場合には内乱罪として死刑または無期禁錮にする」となっている。あいつは憲法を武力でもって、いま戦争法案を国会に持ち出し、アメリカに行って上下両院の議員を相手にしておべんちゃらを言って八月中には安保法制を成就させる、と。官僚が書いた英作文をへたな発音で読んでいた、あれが日本の総理大臣かと思うと恥ずかしい。

国会でいちばんすごい質問をやったのは、共産党の志位委員長であった。志位氏はポツダム宣言六項「日本国国民を欺瞞し之をして世界征服の挙に出づるの過誤を犯さしめたる者の権力及び勢力は永久に除去せられざるべからず」を引いて、安倍首相に質問したところ、首相はポツダム宣言は「つまびらかには読んでいない」と答弁した。戦争犯罪人は排除される、民主的な政府ができるまでは駐留する、それができれば駐留は終りにする、などとポツダム宣言に提案されている。ポツダム宣言はほんの一枚の紙にしか書かれていない。これを「つまびらかに読んでいない」なんて言えますか。何百ページのものであれば、詳細には読んでいないと言えますが、わずか一ページ、二ページのカタカナ書きのポツダム宣言ですよ。一九四五年七月二十六日の、チャーチルとトルーマン、スターリンによるものです。これを安倍が読んでないというのははっきりしています。日本の戦後の出発を規定し日本の降伏の条件を決めたポツダム宣言、明治憲法以来の天皇主権、軍事独裁、封建主義、男女平等もまったくないようなああいう時代はなくすというポツダム宣言にもとづいて日本国憲法ができたわけですよ。それを読んでもない。こんなヤツが日本の戦後にたいしてなんやかや言う、まったくの無知蒙昧。

こういうひとたちがいま全有権者の十八パーセントぐらいの得票率にもとづいて議席数の三分の二をとっちゃっているんですよ。これは正当に選挙された国会の代表者じゃないんですよ。小選挙区制、この悪法——つまりひとりひとりの一票の価値が平等であるべきものが不平等であるのみならず、馬鹿な野党が分裂して死票を量産し、そのおかげで与党が漁夫の利を得て三分の二の議席数をとっているわけですよ。日本国民の大多数は安倍一派に反対なんですよ。

安倍は日本を滅ぼすほんとに危険な人物です。したがって日本の民主主義を守るため安倍の口を封ずる必要がある。沖縄の方言で「アビラサンケー」というのをちょっと訛って「アベラサンケー」というのを——五月十七日の県民大会で翁長県知事はわたしにまねたか、「ウチナーンチュ、ウセェーテーナイビランドーサイ」(「沖縄人をバカにしてはいけません」という意味の沖縄語)と最後に

雄叫びをあげましたね。仲宗根の影響です。（笑い）

ありがとうございました。

■瑕疵の検証と公益を理由とする撤回

二〇一五年六月十三日

みなさま、ご苦労さまです。九条の会の仲宗根です。

いま安倍内閣は戦争法案を通すと言って、まったく理屈もなにもないような法案を合憲というかたちで、集団的自衛権を認めたことを前提にした戦争法案、十一の法律をしゃにむに通そうとして国会は緊迫した状態なんです。きのうの「沖縄タイムス」に県知事が公益を理由とする撤回もありうるという記事が載っていたんですが、その根拠が五月に弁護士とか行政法の関係者が出した意見書だと新聞には書いてある。具志川九条の会などで二月十日に知事公室と会見をしたさい、県知事に対して出したわたしのペーパーでは、公益を理由にする撤回もできるというメモですが、これをすでに差し上げてあるんですよ。「瑕疵」の検証を理由に第三者委員会をつくっていたものですからが、「瑕疵」を理由にすると、既成事実を作られると行政行為の瑕疵は治癒されてしまうと。それのほかにも争いの方法としては公益を理由にすれば、取り消しじゃなくて撤回ができると、メモを県知事に出してあるんですよ。知事の公益理由での「撤回」発言は、五月に出された学者たちの意見にもとづいていると、きのうの「タイムス」では書いてあったんですが、すでに三か月前にそういうことはできると言ってあったのに、県庁はなにをしていたのかなと感じるわけですよね。

瑕疵を理由にする場合と、公益を理由にする場合とでは、あとあとで裁判の展開が違ってくるんです。瑕疵があるということを前提にすると、ひょっとしたら、またも県の直近上級庁としての官庁内での手続きに持ちこまれる恐れがあるんですが、それは無駄な時間ですよね。ところがこの工事自体が公益に反するということを理由にすれば、撤回ができる。それは行政の見直し行為としてあたりまえなんだということで、これは行政法の基礎知識なんです。これをやればただちに本裁判で争われることになるわけです。そのときには公益の問題だけが焦点になって工事の進捗具合によって瑕疵が治癒されるという問題は直接的には出てこないわけなんです。ところが翁長さんははじめから第三者委員会を立ち上げて瑕疵の有無を検証させると言っていたものですから、公益を理由にする取り消しという方向には意識がいっていなかったと思うんですよね。

瑕疵の事由というのはたくさんあるんですが、前にも話しましたが、仲井眞前県知事が東京に拉致同様の状態で、仮病を使って病室内で脅迫めいたことをされたのではないか。意識朦朧の状態だと正常な判断ができない、と。そういう状態にした行政行為自体が無効であるというのがあたりまえにありうるわけです。それが行政主体の問題としてあるわけですが、あの「いい正月が迎えられる」と言ったときも、あの条件、つまり沖縄予算三〇〇〇億を八年間あげるといったことと、その承認行為と関係あるのであれば、それは賄賂をあげて行政行為をおこなったのと同じであって、その場合も取り消し理由になるわけです。つまり、その関連性があれば、これも瑕疵になるわけですね。そういう瑕疵をいくつも見つけても、工事を進められてしまうと裁判では負けることになるので、はじめから公益を理由とする撤回一本でいっていれば、良かったと思うんですが、いまごろになってそういうこともできるというようなことを記者の問いかけにたいして県知事が言ったということになっているのは、どうも動きが鈍いんじゃないのかという感じがするわけです。

ただ、徐々に徐々に内閣を追い込んでいるというのは間違いないですから、翁長さんが東京の外国特派員協会で「阻止のどんな手があるんですか」と質問を受けたときに、いまはゲート前に一〇〇名規模しか集まらないが、土砂の運び込みになったときには千名規模になる」と答えた。つまりこれが新しい闘いの方法となるわけですよ。三里塚闘争と同じようなことになるという予想を県知事がもっているんじゃないかということで、わたしはホッとしているんですがね。ただ土砂の運び込みを陸上だけでやるという保障はないんで、おそらく海上で四国や奄美大島から船で運びこむんじゃないかという懼れももっているわけですがね。

さきほどの安次富さんの話では建設計画がずれる可能性があるということですが、県議会が準備している土砂運び込みについての条例の内容をみると罰則がない、たんに知事が調査権限をもつというだけでは、ただ日時をずらすだけの意味しかない。だから条例には当然罰則を科すこともできますので、条例制定を準備しているほうとしては、最大多数の会派の賛成を得られるものにしようとしているのでしょうが、もっと実効性のある条例を作らなくちゃいけないんじゃないか。たんに日時を延ばすだけの効果しかないんだったら無意味なんですよ、はっきり言って。それも現場で闘っているわれわれの実感、考えが議員たちに正確に伝わらないと。かれらが現場感覚をもって条例を作ったり、議会活動をやったりしないと。

二月十日の県知事あてメモにぼくが書いたのは、このほかに第三者委員会は現場を見るべきだ、ということですが、いまなお現場に視察に来ていない、来るべきだみたいな話は第三者委員会のなかでもあったようですが、委員のなかのひとりぐらいしかここに来ていないわけですよね。あの委員会がまず最終期日ありきということで、六月中に出すというふうにはじめから決めてかかっている、当初から六月、七月が期限だと言っているのもおかしい。県知事は四月中に報告を出してほしいと言っていたのに、第三者委員会の弁護士委員長があんなことを言うものですから、おまえらのだらだらした対応はおかしい。県知事が指揮監督して検証作業を早めるようにと二月十日のメモに書いてあるんですが、結局、七月になってようやく瑕疵が明らかになる予定だと。瑕疵というのは一挙に全部探し出す必要はないわけですよ。裁判の途中でも出すべき問題なんです。

そうは言いながら、九条の会は毎週土曜朝に来るわけですが、状況はますますわれわれに有利になるに比例して、あの機動隊の暴力はひどくなる。これはおかしな話でしょ。これは明らかに県警本部長の指令ですよ。県警本部長は警察庁の、警察庁は国家公安委員長の指令で、国家公安委員長は国務大臣であり、国務大臣は総理大臣の言う通りに聞かなければ、任意に罷免することが憲法上できる。したがってすべて安倍晋三の意思にもとづいているわけです。安倍は許せない。安倍晋三というファシストをぶち倒すためには、いま国会に上程されている戦争法案を廃案にするということですよ。(拍手)あれを廃案にすることができれば、集団的自衛権を内閣で認めたという事実自体が無意味になるわけです。この一、二か月がほんとに正念場です。頑張りましょう。(拍手)

■警察法を利用した闘争方法――苦情申し出

二〇一五年六月二十日

みなさま、ご苦労さまです。本日の早朝行動お疲れさまでした。

きょうは闘いの方法を話します。県警の警備のしかたということにたいしてわれわれが物申すという制度がじつはあるんです。いまの警察法というのは、日本国憲法が発布されたのちの法律になっていまして、民主的な、政治的に中立公平な法律であるわけです、本来は。警察の民主化、政治的な中立性を保つために警察法七十九条によって、苦情の申立てが県の公安委員会にたいしてできるということになっています。その内容は、各人がそれぞれいつ、どこで、どういう目にあって、どういう不利益、あるいは警備のしかたについて不満があるんだということを、一定の様式はないですので、文書に書いて公安委員会に出しますと、公安委員会はそれにもとづいて県警本部長にたいしてその事実の調査を指示し、どういう措置をとるのかを、公安委員会が県警本部長に指示をするわけです。

公安委員会と警察の関係というのは、県の公安委員会は県警を管理するということが法律上なっているわけです。管理するというのは、具体的にその現場を指揮・監督するような権限はもっていないんですが、警察の事務、警備の方法とか、いろいろな面において管理をするということになっていまして、言うなれば、県警は公安委員会のもとにあるわけです。国家公安委員会は内閣総理大臣の所轄のもとにあることは前に言った通りで、暴力の発生源は内閣総理大臣たる安倍晋三にあるわけです。

われわれはここで警備のしかたについて、たとえばメガネを割られたとか傷害を受けたとか、いろいろ被害があるわけです。これをいちいち裁判に訴えて損害賠償を求めるとかは手続きとしては迂遠なんです。費用対効果も問題です。行政手続きとして民主的な警察法ができた時代の条文があって、その七十九条一項で「都道府県警察の職員の職務執行について苦情がある者は、都道府県公安委員会に対し、国家公安委員会規則で定める手続きに従い、文書により苦情の申出をすることができる」、と。第二項として「都道府県公安委員会は、前項の申出があったときは、法令または条例の規定にもとづき、これを誠実に処理し、処理の結果を文書により申出者に通知しなければならない」となっている。通知するまでに公安委員会はは県警本部長にたいして、事実はどうであったかということを調査しなさいと指示を出さなければいけないわけです。

この手続きを使って、各人がいつ、どこで、どういう目にあったかということをA４の紙に書いて県の公安委員会あてに封書で送りつけてください。ここでひどい目にあったことをみんなじゃんじゃん送りつけて、公安委員会に仕事をさせる、そして県警にたいして緊張感をもってここの警備状態を調査してもらう。いくらわれわれが直接抗議しても、こういう手続きを使わないと動かない。その行政手続きは簡単な手続きですので、しかもこれは有効であると、非常に効果が期待できますので、今後ともは、早朝の七時前後にしか機動隊とぶつかる場面は少ないんですが。

県の公安委員会のホームページで沖縄県公安委員会ではこんなことを言っています。「警察職員の職務執行にたいする苦情とは警察職員の職務執行によりなんらかの個別的具体的な不利益を受けたとする主張や、警察職員の不適切な執務の態様に対する不満を言います」と。「したがいまして申出者本人と直接関係のない、いわゆる一般論としての苦情などはこの制度の対象にはなりません」という説明もやっていますから、ここでの警備はひどいんだとかいう一般論じゃなくて、自分が個別的具体的に受けた不利益だの、警備の不当なやりかたへの不満です。きょうなんかもひどいことに、県警は金属の腕時計を付けていてそれを押しつけてひとを傷つけようとした。こっちが引っ込めなければ傷つけられてしまう。つねられたり引っかかれたり、それはひどいものであります。今後はわれわれが立ち上げた「権力の暴圧を許さない市民の会」というのがいろいろ面倒をみたいと思いますので、そういう目にあった場合には、われわれに相談してください。「犯罪者」と呼ぶような暴言も対象になります。ここに参考書面があります。公安委員会に洪水のように苦情の申出書を出しましょう。

機動隊のこういうやりかたはすでに警察の業務の範囲をはるかに超えているわけです。超えているどころか、警察法の二条二項には、警察の業務は現行犯をつかまえる、自動車の交通の取締りをするとかに限定されるべきであって、憲法が保障する権利と自由を害するような権限の乱用があってはいけない、とちゃんと書いてあるのに、警察官どもは、まったく警察法も読んだことがない連中だ。聞いていますかね。きょう帰ったら警察法を読みなさい！（拍手）とくに第二条。おまえたちはわれわれの税金で食っているんだよ！　沖縄県政のもと、翁長県知事の所轄のもとにある沖縄県警はいまや安倍官邸の番犬に成り下がっている。姿を隠してもダメです。恥を知りなさい！

われわれが税金で食わしている、それをおまえたちは安倍官邸、国家公安委員会、警察庁、県警本部長の指揮命令のもとで視野狭窄に陥った、あの白い棒を持った、若い単細胞の警察官、棒を振り回すのはやめなさい！　ケガをします。われわれは憲法二十一条にもとづく表現の自由をやっているんです。表現の自由ほど、憲法上、上位の権利はありません。まったくなんの制限もない。いわんや歩道を殺人鉄板で敷き詰めながら、われわれがその前で思想表現の自由をすることを、なんらの根拠もなく、具体的な法益侵害の恐れもないのに、座り込みと同時に強力に排除行為に出る、これこそ警察法二条に反する、表現の自由にたいする権限の乱用。おまえたちがやっていることは歴史によってかならず裁かれる。県民の民意に添うのか、安倍官邸の番犬に成り下がるのか。どっちなんだ！　出てこい！

県民の八〇パーセント以上の人間がこの辺野古の新基地工事に反対している。いまや日本国の世論もわれわれ県民の民意に添うようになっている。安倍官邸は戦争法の強行採決をもくろみ、この基地建設を強行することによって、戦争国家への道へまっしぐらに進もうとしているファシストである。おまえたちはわれわれをモノとして扱っている。おまえたちこそ権力によってモノとして扱われているんだ！　沖縄人のあなたたちが沖縄人のわれわれを弾圧する、それを恥と思いなさい！　沖縄の県民によってまかなわれている喰いっ扶持、生きていく糧をわれわれがあなたたちを支えているんだよ。それを安倍官邸の言うとおり主権者である県民を弾圧する。あなたたちのなかには勇猛心にかられていちずに弾圧にかかって出世をもくろんで、将来は署長になりたいひともいるでしょうが、そうでない良心をもつ警察官もたくさんいるとわれわれは知っています。弾圧をする、あの若いまだものを知らないひとたち、勉強の足らないひとたちは、すこしは人生経験を積んだ先輩の良心のある警察官たちとよく話し合って、県警本部長から下される安倍官邸の指示をサボタージュしなさい！（拍手）

いいですか！　われわれは憲法にもとづく、まったく正当な行為をおこなっている。それを権限を乱用して、日本国憲法が認める権利・自由を侵害する、こういう乱用をおこなってはいけないというのが警察法の根本です。政治的な中立性、不偏不党、警察の民主化、日本国憲法ができたのちの警察法はむかしの治安維持法みたいな「オイコラ！警察」じゃないはずだ。警察権力をふるえばなんでもできると思ったら大間違い。すこしは考えてもらいたい。

■安倍晋三の隠された顔

二〇一五年六月二十五日

みなさま、ご苦労さまです。具志川九条の会とうるま市島ぐるみ会議の共同代表をしております仲宗根勇です。

翁長さんが訪米をいたしました。訪米はしたんですが、どこに行っても同じ文句しか出てこない。「辺野古が唯一の解決策である」ということを言われていたんですが、これはなぜだろうかと思って調べてみたら、在米日本大使館が米国国務省などにまわって、こういうことを言ってるんです。「まともに相手にしないで、適当にあしらってくれ」と裏から働きかけていた、こういう情報が入っています。

まさに徹底的に沖縄をないがしろというか、バカにしている安倍内閣。「安倍内閣」と言うにはもったいない。わたしはいつもここで「安倍一派」と言っている。なぜ「一派」にすぎないのか。

最近のフランスの週刊誌に載っている記事をご紹介いたします。「安倍晋三の隠された顔」という題名です。いま、安倍晋三の憲法を改悪し、この辺野古に基地建設を強行するという考えのもとにある団体は「日本会議」という団体です。この「日本会議」はいまの閣僚の四分の三がこの団体に入っているわけです。この団体は一九九七年に神道の宗教団体と満洲侵略を率いた元の帝国軍の司令官たちによって設立されたものです。安倍晋三ははじめからここに入っております。そして閣僚の四分の三がこの日本会議に入っているのみならず、二八九人の国会議員もここの団体に入っているわけです。

この団体の主要な目標は、記事によると、一九四七年の平和憲法を「日本会議」は根本的に変えようとしている。その最初の標的は第九条だ。このなかで日本は戦争を永久に放棄している。国際主義者は世界のどこでも展開可能で、そして自衛力だけでない軍隊を望んでいる。この会議は日本を明治憲法の時代へ戻すのが目的だ。二〇一六年七月の参議院選挙を利用して、国会で憲法を変えるために、いろいろな策動をやっております。

このフランスの週刊誌の記事だけではなく、きのうの「朝日新聞」も取りあげ、この「日本会議」について、「海外メディアも日本会議に注目」と記事が載っています。知らないのは日本人ばっかりで、海外では本当によく情報は行き渡っているわけです。安倍政権の靖国参拝、憲法改正、愛国教育、歴史修正主義の背後に「日本会議」あり、というのが英国の「エコノミスト」という経済雑誌に載っています。きのうの「朝日新聞」の記事の情報です。

われわれのこの闘いは、したがって、わたしがずっと一貫して言ってきた、安倍内閣――本当の実態は「安倍一派」です――との闘いである。右翼の神道集団とか宗教団体とかそういうものの圧力も受けながら、安倍はまことしやかなことを言いながら、嘘八百を世界じゅうにばらまいて、たとえば福島の原子力の汚染水はアンダーコントロールされているというようなことを言ったり)、まったく本当に心にもないことを六月二十三日の慰霊祭で言って出席者から野次怒号を受けた。式典にはふさわしくないとの意見もあるが、正当な抗議ですよ。「沖縄タイムス」は、きわめて大きな文字で、「怒号　揺らぐ」と書いてありました。本土の新聞も、野次があったということを「朝日新聞」も書いてあります。きょうの「タイムス」に掲載された本土各紙の論説を見たら同じようなことを書いてあるわけです。しかしＮＨＫのその日の放送は、野次を消音して放送していた。いかにＮＨＫが自民党の広報誌に成り下がっているか、というのがハッキリしているわけです。

わたしはここで何回も言っているんですが、ずっとＮＨＫ受信料は自動引き落としで払っておりました。しかしあの籾井会長はじめ、ＮＨＫが安倍派に乗っ取られたあとは、自動引き落としは止めるといって直接ＮＨＫに電話して、止めています。あの連中が辞めたときに払うと、そういうことを言っています。

マスコミ、日本の主流のメディア――が、「東京新聞」とか「朝日新聞」、そういった少数のメディアを除く大部分のメディアは、沖縄の情報を十分に伝えていない。われわれがしかし、この現場で座り込んで、あの黒メガネの連中と対峙する気力がある限り、辺野古に基地はつくらせない！（拍手）

もうひとつみなさんにお知らせしたいことは、警察法七十九条によって、警察の業務について苦情があったり不満があるひとは県の公安委員会に申し立てれば、県の公安委員会はその申し立てにもとづいて、県警本部長に調査を指示するということができます。その指示にもとづいて、必ず文書で公安委員会は回答を出さなければいけない。

毎朝早朝にここに来る人以外はあまり知られていないんですが、作業車を中に入れない行動をするときに座り込むんですが、その座り込み自体は、われわれの憲法二十一条にもとづく表現の自由であるにもかかわらず、県警機動隊は力をもって排除しています。警察法の規定は、警察の業務は盗人を捕える、交通整理をおこなうなど、そういうものに限られるべきものであって、いやしくも日本国憲法の保障する権利と自由を侵害するような権利の乱用があってはいけない！　ということは警察法の二条に書いてあるんです！　それをまったく無視しているのがいまの沖縄県警！

その県警本部長を動かして、ここでぜひ調査をせざるをえないはめに陥らせるには、われわれは警察法七十九条にもとづく苦情の申し立てを県公安委員会にどしどし出して、調査をさせる。これをわが「政府権力の暴圧を許さない市民の会」がサポートいたしますので、デモの途中でメガネを割られた、傷を負った、不当な警備活動であったというひとは、木人が書面をもって公安委員会に申し立ててください。その件については、いつでも、木曜日と土曜日はわれわれがここにおりますので、相談に応じています。

＊

［演説終了後の韓国メディアＫＢＳのインタビュー］

韓国人記者　「九条」というのは憲法の九条のことですか。

仲宗根　そうです。

記者　まずなぜこんな運動をするのか、話を聴きたい。

仲宗根　これはね、沖縄が日本本土の安倍内閣が進めている、沖縄に対する差別の象徴としての新基地押しつけ――これは沖縄のひとの誇りと歴史を否定するもの、これを進める本土の自民党政府、安倍内閣に対する闘いであると同時に、沖縄の自然を守り、世界の平和の中心地に沖縄をしなくちゃいけないという運動です。安倍内閣というのは、近隣の韓国とか中国を挑発して、自分で敵をつくって、仮想敵国をつくって、そして無知な一般国民を騙して、基地をつくって、憲法を改悪して戦争をできる国をめざそうとしている、アメリカの傭兵になろうとしている、アメリカの犬になる。こういう政策をいま進めているんで、それをどうしても止めないと日本が危ないし、中国、韓国の近隣と仲良くするためにも、絶対に許さないという趣旨です。

記者　わたしもそう思っています。いまの米軍基地の問題は、たんなるいまだけの問題じゃなくて、歴史的につながっている、ということですか。

仲宗根　そうです。戦後、アメリカが暴力で、実力で県民の土地を基地に奪い取った。それをなお続けようとしているわけです。本来だと、戦後処理として日本本土平等に――日米安保条約があるんであれば――基地は同様に本土にもおくべきなんですが、沖縄のこの狭い〇・六％の土地に七四％の軍事基地がいまある。そのうえに新しい軍港をつくり、新たな軍事基地をつくろうとしている。これは安倍内閣の戦争への道を準備しているということなんです。

記者　どうもありがとうございました。

■ＮＨＫ元経営委員百田の沖縄二紙批判の暴言

二〇一五年六月二十七日

おはようございます。ご苦労さまでした。

あの百田、モモタ発言、あれは怒ると同時にわれわれの争にとってはカミカゼが吹いたようなものです。ああいうバカげた、無学な、無教養な人間が安倍の茶坊主どもを集めて講演会と称して学習会をやるということ自体、いかに安倍一派の知的レベルが低いかということを表わしているわけです。（拍手）そして風が吹けば、このゲート前はもうかるというか、あの海保の連中は荒れる海に出ることができない。農作物に害のない範囲で毎日カミカゼが吹いてほしい。（拍手、「そうだ」の声）

あのモモタという男、あの発言について論評するのも口が汚れる。本当にバカバカしいというよりもね、ああいう者たちと安倍一派、日本会議に巣くう極右団体、これがいま日本を牛耳っているわけです。無教養な能力のない人間たちが権力にすりよって、そして大物ぶって、大きな顔をして歩いている。日本の現実は、本当にわびしいものですよ。

とりわけ沖縄の二紙を敵にして、沖縄の二紙をつぶせなんていうのは、木性まる出し。いかに彼らが、沖縄のマスコミ本来の正しい姿をしている「沖縄タイムス」、「琉球新報」に敵意を抱いているかということは、裏を返せば、東京の中央メディアがいかに安倍政権にすりよって、そして自己規制をして萎縮しているか。マスコミの本来の第四権力としての権力を監視するという役目を放棄している。安倍と東京の新聞社の役員たちはいっしょにメシを食って「メシ友」と言われている。

慰霊の日のＮＨＫのニュースは、首相に対するあのヤジ――当然起こるべくして起こった沖縄のひとの怒りの声。民放ではあのヤジの音が同時に放送されたにもかかわらず、ＮＨＫのニュースでは音が消されていた。消音して放送されていました。それほどＮＨＫは――あの籾井会長、そして百田経営委員、長谷川三千子経営委員、三名が入ったあとのＮＨＫは――本当に政府自民党の広報部に成り下がっている。わたしはいままで、ＮＨＫ受信料は引き落としで何十年も払ってまいりましたが、あのモミガラ……籾井会長らがＮＨＫを乗っ取ったのちは、ＮＨＫに直接電話を入れて、自動引き落としをやめるからその手続きをやってほしいってやめさせてあります。そしていまは、「ＮＨＫ受信料不払いの論理」に生きているわけです。

マスコミがまず権力にすりより、茶坊主たちが権力に身をすりよせていく、そして本来、批判勢力であるはずの部隊もぜんぶ権力者に身をすりよせる。リベラルな自民党の部隊はもはや安倍に囲い込まれて飼い犬になっている。たとえば谷垣とか高村。まったく理屈もなんにもない。あの高村なんかというのは、あの最高裁砂川判決から集団的自衛権の論理が当然導かれるみたいなことを言っているんですが、本当にもうまったくこれこそ無学な人間が言うことですよ。少なくとも、法律学を少しでもかじった人間がね。

あの判決から集団的自衛権容認の論理が出てくるはずはない。あの当時は個別的自衛権が具体的に行使できるかどうか、米軍が日本国憲法でいう戦力にあたるかどうかという、それが争点になっていたのであって今回のものとは論点が違うし、しかも統治行為論にもとづいて、きわめて高度な政治的な問題については裁判所は判断はしないということを理由にして、判断留保しているわけですよ。それなのに、あの高村副総裁とか公明党——自民党にへばりついて、権力の蜜を吸い続けている哀れな平和の党——、あの連中が、無理を承知のうえで、まったくの非論理の集団的自衛権容認をした。そこまではまだどうってことないんですが、それにもとづく戦争法案、これを十一個の法律——一個の独立法と十個の一括した改正法——をまとめて、いま国会に提出して、審議をしているところです。この審議に対して、いま日本国じゅう、東京中心に反対の運動が盛りあがっているわけです。そのあせりが、きのうおといのあのモモタ発言。茶坊主どもの、安倍に点数を稼ごうとしてやったことが逆効果になっている。それはわれわれの憲法を権力に守らせる部隊にとっては神風でしかない、というふうに思うわけです。

もしも野党がこの戦争法案を阻止できない、国民も直接行動に出れない、その結果、強行採決された場合には、国会自身が憲法違反の法律を通したということになるわけです。これは国の権力自体が、機関自体が、憲法クーデターを敢行したということになるわけです。まさにこれは第二次大戦前のドイツのヒットラー・ナチスが権力をにぎって、当時の最も民主的なワイマール憲法を、授権法という下位の法律によって、憲法自体にはさわらずに、憲法の効力を無効化して、独裁権力をうちたてて、第二次世界大戦へと突っ走ったあの流れを、まさに安倍一派がいまやろうとしている。

いま日本の歴史のなかで最も重要な転換点の時代です。われわれはいまここの歴史の時点に立っている。この自覚をもって、われわれは新基地を絶対許さない！　この闘争をがんばりぬいて、日本の歴史に貢献いたしましょう！　終わりです。（拍手）

■百田発言の無知が教える、ジャーナリズム本来の立ち位置に立つ沖縄二紙の姿

二〇一五年七月二日

みなさま、ただいまは辺野古総合大学化学教授の毒物学の講義でありました。次はわたしの政治学、法律学の講義に入ります。（拍手）
いま、モモタなのかヒャクタ？　わからん男の話が飛びかっています。安倍内閣の支持率は六月二十日と二十一日の両日にわたって「朝日新聞」が世論調査をした結果、五月の二十七日に四五％だった内閣支持率が三九％に落ちたという報道が「朝日新聞」によってなされました。
これは、国会の憲法審査会において、自民党推薦の憲法学者をはじめ、三名のすべての学者が戦争法案は違憲であるということからはじまったようにみえますが、去年の二〇一四年七月一日

の安倍内閣がやった集団的自衛権を認めるという解釈改憲をやったときから、違憲であるということはハッキリしているわけです。あの集団的自衛権は憲法九条からは決して導かれない。そして最高裁の砂川判決、あれは個別的自衛権の問題の平面において、政治的に高度な問題については裁判所は判断はしないという統治行為論にもとづいて、集団的自衛権については一言もふれていない。あの当時、法学界で論議もあまりなかった。駐留米軍が合憲かどうかというのが判例の主要な論点であって、あれを自民党と公明党のそれぞれ弁護士出身の高村と北側、あの連中が密会して、あの判決から集団的自衛権を導き出す。これを牽強附会というんですよ！　まさにこじつけ。

そしていまや、集団的自衛権にもとづく戦争法案、十個の改正法と一個の独立した立法、合わせた十一個を国会に上程しているわけです。そのまえに安倍はアメリカに行って、おべんちゃらのおせじたらたら言って、これを国会にも国民にもなんの説明もないままに、八月までには成就させると約束したわけでしょ。それほど日本国民はナメられていたんです、あの安倍一派に！

しかし、いまや情勢が変わってきた。全国に、安倍を倒せ！　安倍一派打倒！という声が燎原の火のごとく広がっている！　そのときに飛び出したのがあの百田発言。放送作家の端くれが、たんに安倍と偶然に会って、意気投合して、いっしょに本を出して、NHKの経営委員に取り立てられて、あたかも偉大な作家のごとくの顔をして、大物ぶって歩かせている。こいつらが、おそらく「日本会議」に巣くう極右団体、この団体の意向を汲んで、沖縄の新聞についてああいう

発言をしている、バカバカしくて論評するにも値しない！（拍手）

なぜこういうことが飛び出したのか。これは、この情況に安倍官邸が危機感をもっている、あせりをもっている、辺野古の計画も危ない。戦争法案と辺野古強行、これをつぶすことが安倍というバカ内閣、あの右翼の一派を突き倒して、平和と民主主義を取り戻す！　われわれのこの辺野古の現場における闘いが、全国に発信しているわけです！（拍手）全国へ勇気を与えているわけです。

沖縄の二紙をつぶす――この考えはどこから出てくるのか。やつらが、政府批判のいまのところ一番強力な「東京新聞」と「朝日新聞」をつぶすとは言えない。言えないのに、「沖縄タイムス」と「琉球新報」をつぶす、これが言えるというこの精神構造は沖縄差別そのものだ！（大きな拍手）

「沖縄差別」――これは本当に深い。われわれは嗤って、怒って、嘆いて、あの連中を無視することもできる。しかし、この時期にあの茶坊主ども、安倍にゴマをすって、いい点数をとろうとしてやったところが、みずから墓穴を掘ったんだ！（大きな拍手）この墓穴とは何か。それはこのわれわれの闘争に大きな激励の神風を吹かせたんです！（拍手）こういう結果が予見できないほど、安倍一派の知的レベルは低いんですよ。（拍手）

沖縄の新聞、これは別に左翼的でも右翼的でもない。新聞本来の、ジャーナリズム本来の立ち位置に立っている。それだけの話です。それを本土からみて、左翼的とか、反政府的とか、反国家的とか、ネット右翼の連中が言っている。あるいはそれに引きずられて、一般国民も信じているやつがいるかもしれない。それは安倍一派の、マスコミに対する手を突っ込んだ干渉、弾圧にも原因がある。大きな東京の新聞社の役員たちは、安倍と食事をいっしょにする。「メシ友」と言うそうです。しかし、一線の記者はとても優秀で、真面目なひとたちが多い。わたしの大学時代の友人でも優秀なひとはマスコミに行きました。なぜ沖縄の新聞がそういうふうにみられているかというと、中央のメディアが萎縮して、安倍官邸にモノ申し、そういう力がなくなっている。それでふつうの立ち位置、当然ジャーナリズムのいるべき立ち位置が左になってみえるわけです。

戦前のマスコミが戦争を煽って、軍国主義者に奉仕した。この反省に立って、戦後のジャーナリズムははじまったわけです。いまはしかし、戦前に戻ろうとしている。沖縄だけが例外。北海道の新聞などもなかなか良いことを言うんです、「朝日」も「毎日」もある程度は良い、「産経」、「読売」はもうどうしようもない。自民党の宣伝広告ばっかりやっているわけです。ただこの百田問題については「読売新聞」でさえも怒っている。ということは、百田発言によって、われわれの敵がわれわれの味方になりつつあるというわけですよ。したがって、百田のような、ああいう己れがいかに無知であるか、「無知の知」もないバカまる出しの、ちゃらんぽらんの、いい加減な口舌の徒をわれわれは褒め称えてあげましょう。終わります。（拍手）

■ファシスト安倍晋三打倒まで、辺野古は闘う！

二〇一五年七月十六日

みなさま、ご苦労さまです。「安倍クーデター」と書いたこのプラカードは、きのうわたしが国際通りのデモ行進でかかげたものです。きのう安倍がやったことは、まさにクーデターです。クーデターというのは本来、大きな権力に対してより小さい力のものが暴力をもって打ち倒す、というのが本来のクーデターというフランス語なんですが、安倍の場合は、日本国憲法九十九条によって、日本国憲法を尊重し擁護する義務がある。その最大最高の義務者であるご本人が憲法を破壊する企てをやり遂げようとしているわけです。集団的自衛権という、いままで憲法九条のもとでは、歴代の内閣、内閣法制局、憲法学界の九九・九％の学者が認めていなかった集団的自衛権。他の親密な国が攻撃を受けたら、日本に対する攻撃とみなして、ほかの外国といっしょに戦争に馳せ参じるという集団的自衛権。彼らが言う——公明党もときどき言うんですが——、国連憲章＝国際連合の規定でも集団的自衛権というのがありますというのは、まったくのまちがいであります。あれは暫定的に国際連合が国際紛争を解決するために乗り出すまでの暫定的な権利を言うんです。安倍の言うような集団的自衛権とはまったく違うわけです。ただいまこの時間に衆議院本会議で強行採決があったようです。

さて、今後、この戦争法案はどういう運命になっていくのか。条約の場合は、衆議院で可決して、参議院に送って、参議院が三十日経っても議決をしないとか、衆議院と違う議決をした場合には、そのまま自然に衆議院は何もしなくても衆議院の議決どおり成立するんです、条約の場合は。これを「自然成立」と言います。六〇年の安保改定のとき、あの岸信介という安倍のお祖父ちゃん、A級戦犯が強行採決をやったときは、「自然成立」を待って、彼は内閣退陣に追い込まれたわけです。あのときはわたしなども、国会の南通用門あたりで何十万のひとたちといっしょに国会を取り巻いていました。

今度の場合は――法律の場合は――条約とは違うわけです。どう違うかというと、憲法上、衆議院で可決して――きょういまさっきあったようです――、これを参議院に送ります。参議院が衆議院と違う議決をするか、六十日経っても議決しない場合は、衆議院に戻ってもう一回三分の二で議決すれば、法律が成立するということになるわけです。六十日ルールなんぞとマスコミが言っている意味はそういうことなんです。そうすると、これからの動きは参議院に送られて、野党が抵抗して、なんとか国会の会期を切らせば廃案になるんですが、六十日間がんばって、いくらがんばっても六十日経ったら衆議院が再議決できる。

いまの安倍内閣はたかだか有権者の二四%の得票でもって、公明党の議席数と合わせると三分の二以上の三〇〇を超える議席をもっているわけです。これは小選挙区では一人しか野党からは通らない、ほかの野党の票は死んでしまう、死票になる。この小選挙区制、野党が分裂している。しかも一票の値打ちがぜんぶ違う。憲法に違反する選挙制度によって、いまの安倍一派は国家権力を盗み取っているわけです。

安倍内閣というのは、「内閣」という言葉が泣く、やつらはいまや、「一派」というよりは、もっとひどいこと言えば「一味」ですよ、安倍一味。「日本会議」という極右の集団が彼たちのバックにいて、いま十九名の閣僚のうち、十五名は「日本会議」に入っているんです。二九〇名の国会議員は、同じように、安倍の仲間。だから、従来の自民党の場合は、派閥があって、右から左まで幅があった。いちばんの左は当時だと三木さんでした、三木派。なにかあると自民党は派閥のバランスで落ち着くべきところに落ち着いていた。いまやしかし、安倍晋三というあのバカ男、あれに抵抗する部隊はない。すなわちいまは、日本の政治は法治国家でもなんでもない、人治国家です——安倍晋三という人間の人治である、法治ではない。

まさにヒトラーが独裁権力をうちたてたあの道を行っているわけです。当時、最も民主的だったワイマール憲法——第一次大戦後のドイツ民主革命によって、社会権、平等権、学習の平等、それをあのヒトラーは、憲法の下位の法である授権法という法律でもって、憲法条文はそのままの状態で、ワイマール憲法をなし崩しにして、第二次世界大戦への道へ突き進んだ。そのときにドイツの知識人＝インテリゲンチャたちは、ヒトラーを画描きあがりのどうしようもない男と思ってバカにしていたんですよ。そしてだんだん、国軍、ついで大統領ヒンデンブルクまでヒトラーに身を寄せていって、ドイツ全体が戦争国家へといきついた。いま、自民党内の高村とか谷垣とか、もともとリベラルな連中もみんな安倍晋三に身をすりよせている。まさにドイツと同じ歴史をいま繰り返そうとしているわけです。

先ほど、司会の伊波先生が、われわれ時期がきたら沖縄の人間が決断しなければいけないと言われた。安倍一派は、おそらく県知事が埋立て承認を取り消したにしても、粛々と工事を進めると言ってるでしょ。こうなるとこれはもはや法治国家ではない。したがって、われわれの無抵抗の抵抗も、法治国家のままでやるわけにはいかなくなるでしょう。（拍手）すなわち、この三二九号線の道路を自家用車で埋め尽くす「徐行作戦」。「徐行」ですからゆっくりゆっくり走る。中古車ももってくる、故障させる、故障する。工事作業車はいっさい通さないというんじゃなくて、通れなくなる。（笑い）あらゆる手を使う。

ただいちばん恐れているのは、土砂を海から運ぶんではないかということ。沖縄内から取る分については、確実に陸上からですから、おそらく。だけどやつらのことだから、わざわざ西海岸の海まで運んで、東海岸のここにもってくる可能性もないわけじゃない。ずるい連中ですからね。いま、ここでの闘いと、国会で取り巻いている何万人の闘い、同じ闘いです！（拍手）われわれはここに一〇〇名、二〇〇名しかいませんが、一万人、二万人の値打ちがあるわけですよ！（「その通りだ」の声、拍手）

沖縄の人間が簡単に諦めたり、脅しにのったり、ヤマトの大多数の人間のように権力の言うままになると思ったら大まちがい！（拍手）沖縄は闘い抜く。はじめてきょうここゲート前のデモで、「安倍内閣打倒！」というシュプレヒコールがようやく出た。

しかしきのうの国際通りでの指揮者の言葉にはウンザリしました。「安倍晋三さん、戦争法案やめてください。やめたくなければ、総理大臣をやめてください」と。そうコールさせていたんですよ。なにが「安倍晋三さん」ですか。安倍晋三は「安倍晋三」という呼び捨てにすぎない。それ以外の固有名詞はない。ファシスト安倍晋三打倒まで、辺野古は闘う！（口笛と大きな拍手）

二〇一五年七月二十三日

■なぜ「辺野古が唯一の選択肢である」か

みなさま、ご苦労さまです。具志川九条の会とうるま市島ぐるみ会議の仲宗根勇です。ともに共同代表です。

いまさっき、県会議員の先生もおっしゃいましたが、安倍内閣の支持率は不支持と逆転して、三〇%台、共同通信の世論調査で支持が三七%に落ちて、不支持が五一%になりました。これに危機感を抱いたんでしょう、安倍はテレビに出て、国と国との戦争を、集団的自衛権を、ワラバー（子供）同士のケンカに喩えたり、隣近所の火事のときはどうするこうするというような、拙劣な、愚劣な喩え話で、要するに国民をバカにしている証拠ですね。支持率をこれ以上落としてはいけないということで、あのオリンピック開催に向けた新国立競技場、民意に耳を傾けて再考するというように、いままで変更はいっさいないと言っていたのを、急に翻意して変更いたしますということを言ったわけですね。これと同じようなことをどうして沖縄の民意、辺野古についても、民意を聴いて断念いたしますと、なぜ言わない！（「そうだ」の声、拍手）戦争法案を廃案にする、なぜ言えない。これは安倍の命運にかかっているからですよ。安倍の背後にある極右団体日本会議が絶対それはさせない。憲法を明文改憲までもっていく。自民党の憲法草案というのができていますが——いま第二次の憲法草案ですが——、明治憲法よりももっと悪い憲法です。ひどい憲法です。立憲主義のなんたるかもわからん、素人が書いた、本当にアホらしい憲法を、来年の七月の参議院選ですね、その選挙で不平等な状態になっている小選挙区制度を変えないままやると、また参議院まで三分の二取られちゃったら、本当に安倍は両議員で三分の二以上の賛成で国会が憲法改悪を発議すると、そして国民投票にかけるという段取りをやってるわけです。

幸いなことに、この沖縄の女ギツネは選挙区から出るということですから、タッピラカス（「たたきのめす」の意の沖縄語）のは簡単である。わたしの考えでは、自民党の悪知恵で、比例最上位で出して、そして沖縄では票は取れなくても、全国でバカな自民党に入れた票にのっかって、沖縄

代表として出ていくんじゃないかと思っていたところを、そうしないというね。自民党というのはなんとバカな連中かと。わたしが自民党のリーダーであったら、仲井眞を県知事選に立候補させなかった。仲井眞を立候補させることによって、オール沖縄が結集したんですよ。それと同じような過ちをまた犯してくれれば、われわれにとっては幸いなんですが、選挙区からまたあの女ギツネが出てくると。待ってましたとばかりバッサリ切り捨てればいいんです。

わたしの話は、きょうはじつはこの安倍内閣が、「辺野古が唯一の選択肢である」ということを言っている。この「唯一」という言葉について、若干の考察をしたいと思います。

「唯一」とは何か。自然科学、数学においては正答は一個しかありません。「唯一の」回答しかないわけです。ところが社会科学、人文科学、ましてや民主政治においては、多様な、多元的な、いろいろな国民の要素を考慮して、そこにひとつの集約をして、そして結論を出す。「唯一」というのは、これ以外には同種同量のものは存在しないということを言うわけですよ。

いったい、安倍内閣が「辺野古が唯一の選択肢」と言っているのは、「辺野古以外には同種同量の存在はない」ということを言ってるわけでしょ。そんなことは神のみぞ言うことができる。唯一神でないとこういうことは言えない。傲慢にして不遜だ！　これはまことにあたりまえの話なんですが、第三者委員会が「辺野古にする必然性がなかった」というのはあたりまえのこと言ってるんですよ。調査するまでもない。

そして環境問題についても、あの環境評価書に対して、仲井眞知事意見書はいくつもいくつも不備を指摘していたんですよ。それをないがしろにして、頬かむりして、埋立てを承認した。それだけでも、内容上の瑕疵があるということはまったく明らかなんですよ。

県議会が土砂搬入についての条例も定めました。それもあらゆる闘いのなかのひとつではあるわけです。ひとつ懸念があるのは、罰則がないことがどういう結果をもたらすかということもあるんですが、少なくとも条例は心理的な強制にはなる。業者たちがおそらくこれを恐れていると思います。その条例があるにもかかわらず、政府はこの工事を続行するということを言っています。そのときに、われわれはどうするのか。県知事が東京で、記者クラブで、外国特派員協会で、記者会見をやったときに、ヤマトの記者が「あなたはいろいろな手段を使って阻止すると言っているが、具体的にはどういうことをやるのか」と訊いたときに、県知事は「法的な手段をもちろんとる。いまはゲート前に百名単位のひとしか集まらないが、十砂を運ぶ一〇トントラックが何十台も何千台もここを通るようになったときには、ゲート前には千名規模のひとが集まる」と、こう言ったわけです。つまり、その時点からはこの三二九号線を封鎖する、車で徐行する、自家用を持ち出してここを徐行する、いっさいここには事実上工事車両が入らないように、入れないようにするということも、ひとつの方法だとわたしは思っています。

県警、権力がこの自動車の徐行を法的にどうこうする手段はない。

法的な、最終的には、法廷における主張と立証が何か年か——二、三年か——やるでしょう。ぜんぶ主張が終わって、立証が終わって、口頭弁論というのが終結するわけです。その時点までにどの程度工事が進んでいるか。二年かかってずっと工事されて、口頭弁論が終結する二、三年後まで相当な工事が進んでしまうと、これは行政行為の瑕疵が治癒されてしまう、治ってしまう。こういうことで、瑕疵——第三者委員会が拾いあげた瑕疵——は、みんな有効なものになっちゃうんです。有効なものとして扱われてしまう。

だから、法廷闘争はできるだけ避ける方法をとるべきじゃないのか。幸いなことに、あの官房長官、ずっと翁長知事が当選後四ヵ月も面会拒否していたのに、アメリカのオバマに会う寸前になって、アリバイづくりのために官房長官、総理大臣が会いました。その後、最近また東京で会ったようですが、もしたんなるボス交（ボス交渉）、仲井眞みたいな二の舞いをするのでない、本当の政治的な和解、合意、調停ができるんであれば、それに越したことはないと思います。できるだけ、法的な争いは避けたほうがいい。正義はもちろんここにあります。われわれに正義はあります。正義が裁判所で必ず通るという保障はない。主張立証のマズさ、裁判官がどういった経歴をもつのか、どういう思想をもつのか——ほとんどのいまの裁判官というのは、最高裁判所に向かって、上に向かって泳いでいる魚のヒラメといっしょです、「ヒラメ裁判官」と言われています。こういうひとたち、とくに沖縄に来る裁判官というのは、だいたい最高裁の御覚えがいいひとが来るんです。北海道もそうです。北海道と沖縄の裁判所は出世コースです。したがって、そういうひとたちに幻想をもってはいけない。このまえの浦添での集会で、ある弁護士が「勝つ自信が十分ある。沖縄にいる裁判官であれば、沖縄のひとの心を理解できる」というようなことを言っていましたが、裁判所の内部を知らなさすぎる、甘っちょろいんですよ。
仲井眞さんはある時点まで、県内など認めないようなことを言っていたときに、たまたまわたしはアレと同窓なもんですから、同窓会のときに、「あんたなかなかやるじゃないの、立派だよ」と言ったら、「いや、しかしいつ……」と――ひっくり返るかわからんよみたいなことを言ってたんですよ。裏切る人間はいろいろな工作をやりながら、結局は裏切るんです。沖縄の民衆はつねにそういう――名護の住民投票のときのあの名護市長はじめ仲井眞県知事にいたるまで――民意と違う首長の行動によって民意がぜんぶ帳消しにされちゃうという負の歴史をもっているわけですよ。
しかし、翁長さんはそんなことはしない。決してしないとわれわれはみんな信じています。彼に翻意させないようにするには、いままでみなさんがおっしゃったように、この現場の闘い、一人でも頭数を多くして、できれば朝の行動によって機動隊、そして海上保安官がどういう行動をやっているのか。十時のあとのこういう集会だけみていると、たしかにこの闘争は何なのと、本土から来たひとには頭をかしげるところもあると思うんですが、これが沖縄の闘いなんですよ。新しい民衆の運動であるわけです。ここにひとびとが集まる――本土から北海道から九州から本州から。つねに入れ変わるメンバー。連帯するいろいろなひとが来て、おしゃべりする。これが翁長さんに力を与えているんです。（拍手）
本土では、若いひとたちまで動きはじめています。七月十八日の「朝日新聞」朝刊に京都大学の有志の会の声明文が載っています。非常に短くて当を得たものですから、これを読んで終わりにしたいと思います。

京大有志の会「声明書」全文

戦争は防衛を名目にはじまる。戦争は兵器産業に富をもたらす。戦争はすぐに制御が効かなくなる。戦争ははじめるよりも終えるほうが難しい。戦争は兵士だけでなく、老人や子供にも災いをもたらす。戦争はひとびとの四肢だけでなく、心の中にも深い傷を負わせる。精神は操作の対象物ではない。生命はだれかの持ち駒ではない。海は基地に押しつぶされてはならない。空は戦闘機の爆音に消されてはならない。血を流すことを貢献と考える普通の国よりは、知を生み出すことを誇る特殊な国に生きたい。学問は戦争の武器ではない。学問は商売の道具ではない。学問は権力の下僕ではない。生きる場所と考える自由を守り、創るために、わたしたちはまず、思いあがった権力にくさびを打ち込まなくてはならない。

自由と平和のための京大有志の会

どうもありがとうございました。（拍手）

■話にならない首相補佐官「無関係発言」問題　二〇一五年七月三十日

きょう話したいのは、礒崎陽輔総理大臣補佐官の戦争法案について「法的安定性は関係ない」という発言がどういうことを意味しているかということなんです。これこそまったく憲法というものをわかっていない人間、そして集団的自衛権を認めるという安倍内閣の考えのもとになっているのが、そういう法的安定性をまったく無視しているということなんですよ。つまり安倍内閣の本音をあの補佐官がしゃべっちゃった。これは政治的な謀略なのか、意図的にしゃべらせたのか、つまり論点外しのため、いま参議院で野党側に追い込まれている自民党のあの連中が仕組んだ謀略というふうにも考えられます。しかしあの補佐官は憲法の立憲主義というのは大学で聞いたこともないなんて言うアホなんですよ。

法的安定性というのがまさに憲法そのものです。憲法は、たとえば天候が寒くなったから長袖にしよう、暑いから半袖にしようなんてものではないわけです。寒かろうが暑かろうが、憲法の原理は一定である。（拍手）すなわちいま、安倍内閣が言っている防衛環境の変化、中国が海洋進出している、北朝鮮が日本に届くような弾道ミサイルをもっている。こういうことを理由にして集団的自衛権、砂川事件最高裁判決にひとことも触れられていない集団的自衛権を、また七二年の田中内閣時代の政府見解の最終的な結論だけをひっくり返して、集団的自衛権が認められるなんていうこじつけ、それこそ牽強附会ですよね。これをやっているんですが、法的安定性というのは憲法に必然的に結びつくものなんですよ。憲法を解釈するときに解釈の範囲が広すぎて予測ができない、これを法的安定性が害されると言うわけです。これとは無関係だと言っているんですから、まったくお話にならない。

いま安倍内閣、安倍一派、一派よりもっと悪く言えば安倍一味に身をすり寄せる連中、本当にノータリンのアホたちが集まっているんですよ。恥ずかしいほどなってないバカどもですよ。

（「その通り」の声と拍手）

きのうの国会の社民党党首の質疑が、あの横畑内閣法制局長官に向かって、おまえは安倍の番犬だ、やめなさいとはっきり言っていました。悪《あ》しき法律家の典型であるあの法制局長官をはじめ、ＮＨＫの会長その他もろもろの安倍一族、滅ぶべし。森鷗外じゃないですがね。（笑い）われわれのこの闘い、いま戦争法案をめぐって日本じゅうに燎原の火のごとく燃え上がっているんですが、この闘いこそ安倍の死命を決する闘いだと思います。安倍の母方のオジイ、岸信介が六〇年安保改定のときに、参議院に送って三十日後、条約が自然成立するわけです。それを待って何十万も国会を取り巻いた労働者、市民、たくさんのひとたちの圧力に負けて辞めました。退陣に追い込まれたわけです。

今回の法律の場合は自然成立というのではなくて、参議院に送付して六十日間経ってしまうと、これは参議院が否決したものとみなして、衆議院でもう一回もどって三分の二の再議決によってこの戦争法案が成立するわけです。この三分の二の決議をさせない闘い、これを恐れておそらく安倍一派は参議院で多数をもっていますから悪知恵を働かせて採決しようとするはずです。そのあとの闘争がどういう闘いになるのか。

東京での、本土での闘いとは無関係に、われわれの辺野古での闘いは県知事の一挙手一投足と、ただしく県知事が動く、沖縄県庁が正しい判断で正しい動きをすると同時に、それとは無関係あるいは連動しつつ、ここでわれわれがひとりでも多くの頭数でゲート前を埋め尽くす、これが最終的な決着をつけます。

法的な争いは楽観してはいけません。いまの日本の裁判所、信用できますか。(できない、の声)わたしはすくなくとも、自分自身は信用していました。(笑い)憲法と法律、それと裁判官としての良心のみにもとづいて判決をするわけですが、いまの最高裁以下の裁判所、下級審の裁判官たちの多くはヒラメが上を向いて泳ぐように、最高裁という上を向いて泳いでいるんですよ。「ヒラメ裁判官」と言われています。こういう事態に、裁判になったときのことを楽観してはいけない。したがってできれば政治的な和解をする。和解内容は、一、辺野古工事は当分のあいだ中断する、二、仲井眞県知事がやった埋立て承認には触れない。このふたつの項目で政治的な決着をつけるべきだと思います。当分の間というのは、法律学的には一年でもある、二年でもある、十年でも、また百年でも当分の間です。翁長知事と会いたくなかった官邸が翁長知事と定期的にあるいは断続的に話し合いたいと言っていますが、これはひょっとして向こうさんもそういう政治的な決着をやろうとしているんではないか。※これを沖縄県に有利に決着させるには、安倍にアビラサンケー（「しゃべらせるな」という意の沖縄語）というぐらいにわれわれがここで闘争をつづけるということです。

頑張りましょう。

（※）この演説五日後の八月四日、政府が辺野古の工事を中断し、県と集中協議することを発表した。

■一か月間の休戦協定の意味

二〇一五年八月六日

みなさま、ご苦労さまです。

午前中に安倍官邸と沖縄県のあいだの一か月間の休戦協定についてのお話と今後の展望については、司会の伊波先生がおっしゃいました。その方向性——伊波先生の話——に私も全面的に賛同いたします。安倍官邸が一か月間の休戦を申し出た、その本意は何なのか、何を目的にしているのか、その魂胆についてはいろいろなことが言われています。「朝日新聞」は、安倍内閣の支持率をこれ以上低下させないというのが目的だとか、ほかにも、どうせこの時期は台風で辺野古の工事はできないから、それをいいことにして、いかにも沖縄に耳を傾けたようなふうを見せるパフォーマンスをやっているにすぎないというようなことも、沖縄のひとが言っております。この一か月間の休戦というのは、われわれはどう見るのか、われわれがこの一か月間になすべきことは何なのかということで、これからいろいろ議論が出て来ると思います。

あれだけ安倍内閣が翁長知事を嫌って会いもしなかった三、四か月間。しかし、官房長官と総理大臣が四月に会ったのは、総理大臣がアメリカにオバマに会いに行くときに、沖縄とまったく話もしていないということは、さすがに民主主義国家の大統領に会うには、沖縄の首長たる県知事と会っていないとおかしいんじゃないかと言われないために、追い込まれて会いに来ていたわけです。今度も官房長官、安倍内閣の一派が沖縄に、一か月の休戦申し込みをしたというのは、どういう本音であるのか。これをあたかも、日本国民は、安倍内閣も民意に耳を傾けることがあるんだということで、支持率にプラスになるというふうに考えられそうなんです。

あの仲井眞が、直前まで県内移設は不可能であるということを言っていながら、仮病を使って東京の病院に入院中に安倍官邸に囲い込まれて、そしておそらく精神的な異常状態で、八年間三千億円以上の沖縄予算を保障するということまで言われて、翻意して「いい正月を迎えられる」ということになったわけです。今度もそういう手を使うのか。

翁長知事を、あの仲井眞を籠絡したかたちでやろうとしているんだったら、大まちがいです。翁長さんはこの協議が決裂しないように、決裂しないことを念頭において行動すると、記者会見で言っていました。われわれは、この現場の闘いは、むしろ、決裂するということを前提に行動

しなければいけません！（拍手）

安倍官邸はおそらく、一か月間、ここでの闘争はウチナーンチュ、ナカユクイ（「中休み」の意の沖縄語）させて、そうするうちに頭数が減っていくんであろうと、それも考えているんだろうと思います。逆にわれわれは、だんだん強力な闘いを一か月のあいだに、もっともっと強力に進めていかねばなりません！（「よおし」の声と拍手）

しかし、伊波先生もおっしゃったように、この間のこの一か月休戦協定にいたる政治屋どもの暗躍、しかも当事者である名護市長をまったく無視して、秘密裡におこなっているという、ひとつ不安な点もあるわけです。そして翁長さんのことばに、「県内移設は不可能である」ということばがあるわけです。いままで、「あらゆる手段を使って工事は阻止する」ということから、軟化したのか、「不可能である」ということばを言うようになっているというのが、これもひとつ不安な点です。あの仲井眞でさえも、同じことを言っていながら、三千億円と引き替えに籠絡された。この歴史を踏まえれば、賢明な翁長さんは決してその手にはのらないとは思いますが、翁長さんの翻意＝心変わりを抑えるのは、この現場のゲート前のわれわれの動きです！（「そうだ」の声と拍手）

ここの人数がこの一か月間でさびしくなったら、安倍官邸の思うつぼにはまる。したがって、われわれはますますます、ここで結集して、警察隊、機動隊がいようがいまいが、だれもいないゲート前であろうが、いつものようにデモを敢行する。基地撤去を叫ぶ。これしかないと思います。そのことによって、この休戦協定を終戦協定に持ち込むことができる。休戦ではなく終戦へ、われわれは突き進もう！（拍手）

●著者略歴
仲宗根勇（なかそね・いさむ）

1941年　沖縄県うるま市（旧具志川市）生まれ。
1959年　前原高等学校卒業
1965年　東京大学法学部（第1類・私法コース）卒業
1965年　琉球政府公務員となる　琉球政府裁判所入所
1969年「沖縄タイムス」社発行の総合雑誌「新沖縄文学」初の懸賞論文「私の内なる祖国」に入選、以後公務のかたわら新聞、雑誌、自治体の市史等での評論、編纂・執筆活動を続ける。
1992年　最高裁判所の簡易裁判所判事試験に沖縄県から初合格・裁判官任官
1992～2007年　沖縄県（那覇、石垣、沖縄）　福岡県内（福岡、柳川、折尾）の各裁判所に勤務
2008～2010年　東京簡易裁判所に転勤・定年退官
2014年～　うるま市具志川九条の会共同代表&うるま市「島ぐるみ会議」共同代表
著書──『沖縄少数派──その思想的遺言』（1981年　三一書房）、『沖縄差別と闘う──悠久の自立を求めて』（2014年、未來社）

聞け！オキナワの声
——闘争現場に立つ元裁判官が辺野古新基地と憲法クーデターを斬る

発行——二〇一五年九月十五日　初版第一刷発行
定価——本体一七〇〇円＋税
著　者——仲宗根勇
発行者——西谷能英
発行所——株式会社　未來社
東京都文京区小石川三—七—二
電話　〇三—三八一四—五五二一
http://www.miraisha.co.jp/
email:info@miraisha.co.jp
振替〇〇一七〇—三—八七三八五
印刷・製本——萩原印刷
ISBN978-4-624-30121-7 C0036
©Nakasone Isamu 2015

（消費税別）

仲宗根勇著
沖縄差別と闘う
〔悠久の自立を求めて〕一九七二年の日本「復帰」をめぐって反復帰論の論客として名を轟かせた著者が、暴力的な沖縄支配に抗して、再びその強力な論理を発揮した最強の現代沖縄論。　一八〇〇円

川満信一・仲里効編
琉球共和社会憲法の潜勢力
〔群島・アジア・越境の思想〕一九八一年に発表された川満信一氏の「琉球共和社会憲法C私（試）案」をめぐって十二人の論客が「川満憲法」の現代性と可能性をあらためて問い直す。　二六〇〇円

知念ウシ著
シランフーナー（知らんふり）の暴力
〔知念ウシ政治発言集〕日米両政府の対沖縄政策・基地対策の無責任さや拙劣さにたいして厳しい批判的論陣を張り、意識的無意識的に同調する日本人の政治性・暴力性を暴き出す。　二二〇〇円

知念ウシ・與儀秀武・桃原一彦・赤嶺ゆかり著
沖縄、脱植民地への胎動
PR誌「未来」連載「沖縄からの報告」二〇一二年～二〇一四年までを収録。普天間基地問題、竹富町教科書問題などを批判し、沖縄の「脱植民地」をめざす思索と実践を報告する。　二二〇〇円

知念ウシ・與儀秀武・後田多敦・桃原一彦著
闘争する境界
〔復帰後世代の沖縄からの報告〕「未来」連載「沖縄からの報告」二〇一〇～二〇一二年までを収録。ケヴィン・メアの暴言、基地問題などをめぐる沖縄からの反応をとりあげる。　一八〇〇円

仲里効著
悲しき亜言語帯
〔沖縄・交差する植民地主義〕沖縄の言説シーンにひそむ言語植民地状態をあぶり出す。ウチナーンチュ自身によるポストコロニアルな沖縄文学批評集。著者の沖縄三部作完結篇。　二八〇〇円